基于RT-LAB的 新能源控制器硬件在环仿真技术

国网宁夏电力有限公司电力科学研究院　组编

中国电力出版社
CHINA ELECTRIC POWER PRESS

内 容 提 要

本书是作者根据多年来的工程实践和研究经验,将基于 RT-LAB 仿真平台建立新能源控制器模型的方法和操作指导整理并编写而成的。作为国内第一本关于此内容的书籍,本书既从初学者的角度,把入门操作详细地展示出来,又从现有使用者的角度,对建模过程中容易出现但又不易被查找出来的问题展开了分析。在内容编排上,本书以循序渐进由浅入深方式图文并茂地介绍 RT-LAB 仿真系统,并以实际项目为支撑,加入大量案例分析,方便读者对本书内容的掌握和理解。

本书可供从事新能源发电与并网研究、开发和应用的技术人员使用,也可为电气工程专业的师生在新能源发电与并网分析和仿真方面的学习和研究提供参考。

图书在版编目（CIP）数据

基于 RT-LAB 的新能源控制器硬件在环仿真技术/国网宁夏电力有限公司电力科学研究院组编. —北京：中国电力出版社，2023.5
ISBN 978-7-5198-7593-0

Ⅰ. ①基…　Ⅱ. ①国…　Ⅲ. ①新能源－控制器－半实物仿真系统　Ⅳ. ①TM571

中国国家版本馆 CIP 数据核字（2023）第 032199 号

出版发行：中国电力出版社
地　　址：北京市东城区北京站西街 19 号（邮政编码 100005）
网　　址：http://www.cepp.sgcc.com.cn
责任编辑：陈　丽（010-63412348）
责任校对：黄　蓓　马　宁
装帧设计：赵丽媛
责任印制：石　雷

印　　刷：三河市航远印刷有限公司
版　　次：2023 年 5 月第一版
印　　次：2023 年 5 月北京第一次印刷
开　　本：710 毫米×1000 毫米　16 开本
印　　张：15
字　　数：250 千字
印　　数：0001—1000 册
定　　价：88.00 元

编　委　会

　　新能源接入电网的结构和控制方式具有多样性，应用 RT-LAB 半实物仿真系统分析新能源控制器特性是研究高度电力电子化新能源并网特性的一种主流技术和手段，可有效解决传统离线仿真耗时长、效率低的工程应用问题。但是，目前国内还没有系统、全面的相关专业书籍能够对基于 RT-LAB 的新能源控制器的建模工作进行详细的指导和帮助，导致许多初学者在使用 RT-LAB 半实物仿真系统进行新能源控制器建模时常遇到无从下手的窘境。为了帮助初学者能够快速使用 RT-LAB 半实物仿真系统建立新能源控制器模型，或帮助 RT-LAB 半实物仿真系统的忠实使用者解决一些在新能源控制器建模和仿真方面遇到的问题，编者结合多年来在 RT-LAB 半实物仿真系统上的新能源控制器建模和仿真经验编写了本书。

　　本书按照由浅入深的方式安排内容，主要包括 RT-LAB 半实物仿真系统介绍、系统功能说明、RT-LAB 与 MATLAB 联合仿真及案例搭建，为基于 RT-LAB 建立新能源控制器模型奠定基础。结合目前新能源控制器主流控制策略和电路拓扑，进一步讲解了在 RT-LAB 半实物仿真平台上建立新能源控制器模型的详细操作步骤和注意事项，给出了基于 RT-LAB 建立光伏控制器模型和风机控制器模型等实例。本书既从初学者的角度，把入门操作详细地展示出来，又从现有使用者的角度，对建模过程中容易出现但又不易被查找出来的问题展开了分析。

　　加快推动绿色低碳能源是国家的重大能源发展政策，新能源发展也被写入到很多省份的"十四五"规划建议。新能源大规模接入电网，会导致电网的结构和故障特性发生巨大变化。通过实际机组进行实验分析和研究新能源的并网特性不切实际，现实中常采用 RT-LAB 在线仿真系统对新能源控制器进行建模分析，既能提高分析效率，又能节约测试成本，且测试结果具有高度可靠性，方便新能源的实际工程应用。RT-LAB 建立新能源控制器模型并进行仿真分析是大力发展新能源过程中迫切需要的技术，也是支撑新能源可持续发展的实际需要，更是我国"十四五"规划中关于"加快推动绿色低碳发展"的能源政策的具体体现。本书结合近年来具有代表性的几大工程项目，总结典型新能源的控制器建模、仿真和调试等方面的成果，对大力推广新能源具有重要意义。

本书可供从事新能源发电与并网研究、开发和应用的技术人员使用，也可为电气工程专业的师生在新能源发电与并网分析和仿真方面的学习和研究提供参考。

作　者

2023 年 1 月

目　录

1

RT-LAB 仿真系统介绍

　　RT-LAB 实时仿真系统是一种基于模型的仿真与测试一体化应用平台。它旨在帮助从事动力学控制系统研制、嵌入式软硬件开发与测试的客户便利有效地实现从模型仿真到全系统验证试验的系统开发过程。通过 RT-LAB，工程师可以直接将利用 MATLAB/Simulink 建立的动态系统数学模型应用于实时仿真、控制、测试以及其他相关领域。RT-LAB 的应用，为基于模型的设计思路带来了革命性变化。由于其开放性，RT-LAB 可以灵活的应用于任何工程系统仿真与控制场合，其优秀的可扩展性能为所有的应用提供一个低风险的起点，使得用户可以根据项目的需要随时随地对系统运算能力进行验证及扩展，不论是为了加快仿真速度，或者是为满足应用的实时硬件在回路测试的需要。

　　RT-LAB 是一个硬件在环实时仿真建模平台，其可测量性使得开发者能够把计算机使用到任何需要他的地方，不论实时硬件在回路应用，还是快速模型的控制和测试。系统的灵活性使得 RT-LAB 能够被广泛应用于最复杂的仿真和控制问题。为了达到理想的性能，RT-LAB 为分布式网络下分立目标机对高度复杂的模型进行仿真、通过超低反应时间通信，提供了丰富的工具。此外，RT-LAB 的模型化设计使得用户仅仅提供应用所需的模型就能完成经济的系统、最小化经济要求、并满足用户的价格目标，这在大量的嵌入式应用中尤其显得重要，因而，RT-LAB 也被广泛应用于快速原型开发、实时硬件在环控制和测试。

1.1　RT-LAB 版本更新情况

RT-LAB 软件从 11.2 版本以后才出现了较大的变化，从 11.2 版本以后大致可分为两个版本，其中，11.2 版本又可细分为 11.2.0、11.2.1、11.2.2、11.2.3 和 11.2.4 五个版本，11.3 版本又可细分为 11.3.0、11.3.1、11.3.2、11.3.3、11.3.4、11.3.5、11.3.6 七个版本。

相较于之前版本，在 11.2.0 版本中增加或改进的主要地方包括：

（1）增加了别名、面板和脚本的 rtdemo 示例；

（2）添加导入/导出工作区；

（3）在面板部分增加了新的模板；

（4）在 API 中增加了创建连接的功能；

（5）当一个连接被拒绝时，增加了错误消息提示功能；

（6）增加了在 LabVIEW 面板中显示标题或标签的可能性；

（7）增加了从 GUI 保存/加载参数可能性；

（8）在多子系统模型中增加了驱动内核保护，避免多次保留；

（9）改进了 OP6000 项目的配置处理；

（10）增加对基于 Linux、OP5142 卡和 PCIe 通信的新硬件的支持；

（11）增加对 GE 5565-PIORC 256M 的支持；

（12）增加了 Windows 系统仿真模式的支持。

相比于 11.2.0 版本 RT-LAB 软件，11.2.1 版本 RT-LAB 中增加或改进的主要地方包括：

（1）对 MATLAB 的版本支持增加到了 R2015b、R2016b 和 R2017a（R2017a 只支持部分，其中，在 RT-LAB 中，Artemis，RT-Events 和 eFPGAsim 不兼容 MATLAB R2017a）；

（2）在数据记录器中增加了对混合信号组（SignalGroup）的支持；

（3）改进了 OP6000 模式启动和 I/O 卡图标；

（4）在同一个系统中增加了对多个 Kvaser 卡的支持（DRV-2109）；

（5）增加了在专用内核（DRV-2105）上运行驱动的选项；

（6）增加了在 Windows 上运行驱动程序的支持（DRV-2128）；

（7）增加了控制模拟标志和检索模拟标志和测试位的选项（DRV-2129）；

（8）增加了选项，在模拟开始时默认启用所有采样值和 GOOSE 传输/接收（DRV-2129）；

（9）根据 IEC 61850-8-1 ed2 A.3（DRV-2129）增加了对 GOOSE 消息的定长编码的支持；

（10）在 EtherCAT master 方面，增加了 EL3161 模块的支持。

相比于 11.2.1 版本 RT-LAB 软件，11.2.2 版本 RT-LAB 中增加或改进的主要地方包括：

（1）增加对 MATLAB R2017a 的支持；

（2）增加了在模型未加载时编辑参数的可能性，参数值可以在项目配置中保存；

（3）增加了对新位流名称的支持；

（4）增加了操作系统许可证；

（5）在 LabVIEW 面板增加了一个"显示在项目管理器"选项；

（6）增加了锁定项目模式；

（7）为库和可执行文件增加了版本号；

（8）在信号发生器 I/O 中增加了文件模式；

（9）在"新 RT-LAB 面板"向导中增加了一个单独的作用域面板；

（10）增加了 Visual Studio Code 作为调试工具；

（11）增加数据记录器的同步模式；

（12）增加了数据记录器自动文件传输；

（13）增加了转换数据记录器文件".oprec"到".csv"或".mat"的可能性；

（14）增加了对新配置接口（DRV-2108）的支持；

（15）根据 IEC 60870-5-104 要求，增加了对新的配置接口（DRV-2210）的支持，增加了对浮点输出（DRV-2094）的 RMS 计算的支持；

（16）在 OP4200 中，增加了对 1GHz CPU（DRV-2151）的支持，增加了支持 TSD 输入和 TSD 输出；

（17）在 Profibus 中，增加了对主、从接口的支持；

（18）在 OP5368 中增加了卡（DRV-2251）的支持；

（19）在 I/O SFP 上，增加了部分支持由 SFP（DRV-2224）控制的远程 I/O；

（20）在 ePHASORsim 上，增加了从 PowerFactory 导入 DGS 文件支持 FMU，从 CYME 添加的进口扩展到支持多相变压器、同步发电机、光伏，增加了新的微电网与光伏集成的例子，如 FMU（PHASOR-18），增加了使用 FMU（PHASOR-19）的 PowerFactory 输入文件的新示例，添加了新的基于 FMU 的组件，查看用户指南可以看到完整的可用项，改进的 Pi-Line 正序阻抗可以在仿真期间调整，改进了 Windows 10 上 FMUCreator 的 bug 修复。

相比于 11.2.2 版本 RT-LAB 软件，11.2.3 版本 RT-LAB 中增加或改进的主要地方包括：

（1）改进了模型运行时创建连接到 LabVIEW 面板的延迟；

（2）在 ePHASORsim 上，从 PowerFactory 进口三绕组变压器，增加了一个 2000 总线合成网络（HASOR-20）新例子。

相比于 11.2.3 版本 RT-LAB 软件，11.3.0 版本 RT-LAB 中增加或改进的主要地方包括：

（1）增加了具有连续和触发记录功能的新型数据记录系统；

（2）增加了 ScopeView 中的新数据日志系统的新采集源；

（3）增加了项目管理器中的新"数据"文件夹，以便轻松访问记录的模拟数据，增加了项目资源管理器中新增"scripts"文件夹，用于编辑和执行 Python 脚本；

（4）增加了对 Simulink SLX 文件格式的支持；

（5）为控制台子系统提供 Simulink 仪表盘模块的支持；

（6）在模型加载时，活动视图是"显示"，而不是"变量表"；

（7）为 Abaco PCIe 卡（DRV-2044）增加了新的动态驱动接口；

（8）增加了支持 DNP3 slave 的新配置接口（DRV-2335）；

（9）增加了支持 DNP3 master 的新配置接口（DRV-2336）；

（10）增加了对 OP5707 和 OP4510 作为中心系统的支持；

（11）增加了远程 OP4200（IOSFP-215）的 MAC 地址管理；

（12）在 ePHASORsim 中，增加了单笼和双笼感应发电机（EP-1164），增加了可调（内部电压和阻抗）三相电压源（EP-1250），增加了 Excel 模板（V1.6）和新组件（EP-1087）的新版本，增加了配电系统的多相变压器（EP-1173），增加了一个带有感应发电机（EP-1165）的新例子，增加了分区数大于 1 时的分区详细报告。

在 11.3.1 版本 RT-LAB 中，增加了对 Modbus 主驱动的支持，修复了使用 DINAMO 参数估计时的崩溃情况（RTLABTT-942）。在 11.3.2 版本中，增加的内容和修改的地方包括：

（1）在项目浏览器中新增了"记录器"部分，并对 GUI 进行了小幅增强，以改进数据日志系统的工作流程；

（2）为数据日志文件增加了自动命名功能，以防止冲突；

（3）如果信号自动记录在数据日志文件，添加到一个信号组；

（4）增加了通过项目管理器的上下文菜单删除过时记录的可能性；

（5）默认情况下，在数据日志配置中隐藏触发器选项；

（6）增加了对 MS Visual Studio 2010×64（RTLAB-2178）的支持；

（7）将 WxBase 库从 2.8 升级到 3.0，以减少控制器崩溃的可能性；

（8）Edition（默认）和 OP6000 透视图（RTLABTT-195）的新图标；

（9）在 OP4200 系统上增加了对编码器输入和输出的支持；

（10）在 OP4200 系统上增加了 Modbus master 的支持；

（11）增加了对 CAN- fd 通信的支持；

（12）增加了对远程 OP4510，VC707 和 OP4200 系统上编程新的比特流的支持；

（13）当使用 1PPS 或 IRIG-B 同步牛至卡时，自动设置同步状态标志；

（14）增加了一个舍入秒的选项来模拟完美的时间戳。

在 11.3.3 版本 RT-LAB 中，增加的内容和修改的地方包括：

（1）在 ePHASORsim 中，增加了新的环境变量来做网络/数据验证，并获得更多的日志和详细输出，增加了 FMU 接口需要的平台，所有以前版本的 FMU 必须在这个版本中使用 FMUCreator 重新生成；

（2）在 MIL-STD-1553 上，增加了对 QPCX-1553 4 通道卡（DRV-2701）的支持；

（3）在 OP4200 中，增加了启用/禁用自动位流重编程（DRV-2777）的选项；

（4）在 RT-LAB/DINAMO 中，增加了新的示例模型。

在 11.3.4 版本 RT-LAB 中，增加的内容和修改的地方包括：

（1）增加了 OPAL-RT 原理图编辑器的介绍，使用 eHS 在 OP5707 和 OP4510 上设计、配置和集成电路仿真；

（2）在 eHS 方面，增加支持 OPAL-RT 原理图编辑器的电路，通过管理原理图上的参数配置来增强可用性；

（3）在 DataLogger 上，可以在模拟运行时手动启动和停止录音；

（4）支持 MATLAB R2017b；

（5）"OPAL-RT Board" I/O 接口可以关联到一个从子系统（RTLABTT-1293 和 RTLABTT-965）；

（6）在 RT-LAB/DINAMO 上，增加了一个四轴飞行器的例子模型与 DINAMO 和 X-Plane 的集成；

（7）在 RT-LAB/API 上，执行和加载 API 函数可接受-1.0 的时间因子值，增加了新的 GetConnectionsDescription API 函数访问连接信息，增加了新的 ImportConnections 和 ExportConnections API 函数（仅 Python）；

（8）在 RT-LAB/Orchestra 上，增加了"文件版本"到 OpalOrchestra.dll，opalorchestrstra_64 .dll，和 opalorchestravasa .dll；

（9）增加了对 OP4200 系统上的解析器输入和解析器输出的支持；

（10）增加了 OP5650（Artix 7）平台的支持，包括 MuSE（DRV-2564）；

（11）增加了支持模拟输出的范围（中央系统和 OP4200）；

（12）在 MuSE 模块上，增加了通过 SFP 电缆（SFP-588）同步的支持，修复了中央系统需要重新加载用户比特流来执行枚举的问题，改进了远程比特流重编程的全局稳定性；

（13）在 ePHASORsim 模块上，增肌了 Dymola（Ver. 2019）创建 FMU 的支持，支持 MATLAB 64 位（R2016b 和 R2017a），增加了一个新的 HVDC 模型。

在 11.3.5 版本 RT-LAB 中，增加的内容和修改的地方包括：

（1）在 Opal-RT 板上，增加了对远程系统（DRV-2850）模拟输出多范围的支持；

（2）在 DNP3 slave 上，增加了在专用 CPU 内核（DRV-2880）上迁移通信的选项；

（3）在 RT-LAB/DataLogger 上，增加了 DataLogger Python 脚本示例（RTLABTT-1390），在 DataLogger Python API（RTLABTT-1382）中增加了错误报告消息，在 Python API（RTLABTT-2320）中增加了获取记录状态的方法；

（4）修正了在配置中指定错误的 board index 时的复位问题；

（5）修正了新的 Python API 不能正确读取 OPREC 文件的问题；

（6）修正了参数/信号固定连接损耗；

（7）修复了重复的 OPREC 输出文件；

（8）修复了当数据记录超过 1200 个信号时 RT-LAB 冻结的问题；

（9）修正固定向量信号中的元素排序问题；

（10）修复了多模型项目导致的数据日志控制台崩溃的问题；

（11）修复了由于 DataLogger 配置导致 RT-LAB 冻结的问题；

（12）修复了第一次点击信号组后 RT-LAB 暂时冻结的问题。

1.2 RT-LAB 的硬件构成

RT-LAB 的实时仿真机包括 OP4510、OP5600 和 OP5700 三种。根据不同的需求，用户可选择不同型号的仿真机配置。图 1-1 展示了 OP5600 的图片，OP5600 是一款强大的实时仿真机，其处理器最多可配置高达 32 核心的 INTEL 处理器，处理器的频率可达 3.0GHz。OP5600 的操作系统是 Linux REDHAT，是一种实时操作系统。OP5600 可支持多达 8 块 I/O 板卡、128 路模拟量 I/O 通道或者 256 路数字 I/O 通道。如图 1-1 所示，前面板有 I/O 监控接口，可监控所有 I/O 信号，I/O 信号可通过光纤接入示波器进行观测，后面板有 DB37 接口，最多可通过 4 个 PCI 插槽将 DB37 接口上的信号引入或引出。需要说明的是，RT-LAB 不仅支持自身自带的 I/O 板卡，还可支持第三方 I/O 板卡。OP5600 是基于现场可编程门阵列（field-programmable gate array，FPGA）实现仿真模型运算的，使用的 FPGA 芯片为 Xilinx SPARTAN-3 或 VIRTEX-6 FPGA。Xilinx SPARTAN-3 FPGA 的实物如图 1-2 所示，其 I/O 接口包含 8 个设置组（32 路的数字 I/O 或者 16 路的模拟 I/O），通过 8 个设置组的设置，可实现支持不同的 I/O 组合，具有高度的灵活性，对模拟量 I/O 和数字量 I/O 进行定制化管理，最多可支持 256 路数字 I/O，Xilinx SPARTAN-3 FPGA 的采样频率为 100MHz，可满足包括电力系统、大功率变流器、风力发电、光伏发电等仿真模型的运算需求。

图 1-1 OP5600 仿真机的实物图

Virtex-6 FPGA 的实物如图 1-3 所示，其 I/O 接口包含 6 个设置组（32 路的数字 I/O 或者 16 路的模拟 I/O），通过 6 个设置组的设置，可实现支持不同的 I/O 组合，也具有高度的灵活性，可对模拟量 I/O 和数字量 I/O 进行定制化管理，最多可支持 192 路数字 I/O，Virtex-6 FPGA 的采样频率为 100MHz 或者 200MHz，其运算能力比 SPARTAN-3 FPGA 的运算能力高，可应用于对

图 1-2　Xilinx SPARTAN-3 FPGA 实物图

计算速度要求更高的仿真模型验证和测试实验中。

下位机实物如图 1-4 所示，包括供电电源、CPU、硬盘和 RAM。供电电源为 CPU、硬板和 RAM 及其他部分供电，为了在故障或损坏时方便维修和更换，采用独立供电电源，及供电电源与其他部件之间不存在集成关系。仿真模型运行在 CPU 上，硬盘为仿真模型运行过程中给产生的数据提供存储空间，同时还可对仿真模型进行保存和记录。

图 1-3　Virtex-6 实物图

图 1-4　下位机实物图

图 1-5 和图 1-6 为 I/O 模块的卡槽示意图和实物图。在 OP5600 仿真集中，

I/O 模块可通过扩展的方式得到增加，最多可扩展 8 个 I/O 调理模块，但在实际应用中，需要根据需求对 I/O 模块的类型就行配置。

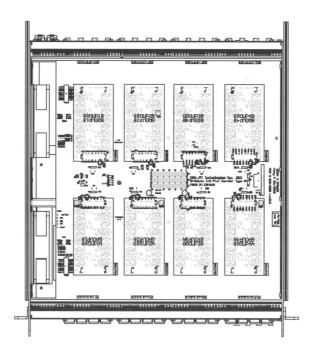

图 1-5　I/O 模块卡槽示意图

图 1-6　I/O 模块卡槽实物图

OP5600 仿真机 I/O 信号的设置类型包括模拟输出（AO）、模拟输入（AI）、数字输入（DI）和数字输出（DO）。AO 信号一般用于仿真模型需要向控制器输出模拟信号的情况，如模拟电压信号和模拟电流信号等；AI 信号一般用于控制器向仿真模型输入模拟信号；DI 信号一般用于控制器向仿真模型输入数字信号，如在变流器控制中的脉冲宽度调制（pulse width modulation，PWM）信号；DO 信号一般用于仿真模型向上位机或控制器输出数字信号，如上位机需要检测仿真模型中的继电器是否闭合或断开时，需要仿真模型向上位机输出一个状态检测信号等。

模拟扩展卡包括 OP5330 和 OP5340 两个型号，OP5330 模拟扩展卡具有 16 路单端模拟输出通道，每个通道的精度可达 16bits，电压范围为–16～16V，模拟信号的转换时间为 1μs。每个模拟扩展卡具有 16 路单端模拟输出通道，每个通道的精度可达 16bits，电压范围为–16～16V，模拟信号的转换时间为 1μs。OP5340 模拟扩展卡，具有 16 路单端模拟输入通道，每个通道的精度可达 16bits，电压范围为–20～20V，模拟信号的转换时间为 0.5μs 或 2.5μs。

如图 1-7 所示，安装在卡槽中的模块，其 I/O 信号可通过机箱上的光纤接口输出到上位机或控制器中，同时，上位机下发的指令也可通过光纤接口传递给 OP5600 内部的仿真模型中，根据以上原理构成一个信号闭环回路，实现仿真模型的闭环控制。

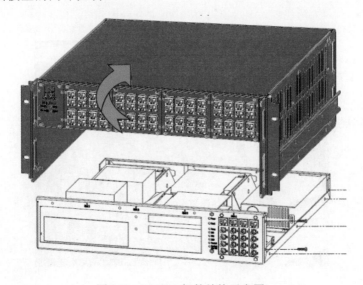

图 1-7　OP5600 机箱结构示意图

数字扩展卡包括 OP5360 和 OP5353 两个型号，OP5360 数字扩展卡具有 32 路单端数字输出通道，每个通道均具备光电隔离功能，可有效防止强电故障传入到仿真机中，每个通道的输出电压范围为 5～30V，用户可根据需求对数字信号的输出电平进行定义，每个通道能够承受的最大电流为±50mA。OP5353 数字扩展卡具有 32 路单端数字输入通道，每个通道也具备光电隔离功能，每个通道的输入电压范围为 4～50V，用户可根据需求对输入数字信号的电平进行定义，每个通道能够承受的最大电流为 3.6mA，当用户定义的数字信号电平超过安全电压 36V，在调试过程中应注意安全问题。为了安全起见，推荐将数字输入电平设置在 36V 以下。

图 1-8 展示了 OP5700 仿真机的实物图，其处理器最多也可配置高达 32 核心的 INTEL 处理器，处理器的频率为 3.0GHz。与 OP5600 一样，OP5700 仿真机的操作系统是 Linux REDHAT。OP5700 仿真机可支持多达 8 块 I/O 板卡、128 路模拟量 I/O 通道或者 256 路数字 I/O 通道。如图 1-8 所示，前面板有 I/O 监控接口，可监控所有 I/O 信号，后面板有 DB37 接口，4 个 PCI 插槽，可支持第三方 I/O 板卡。OP5700 仿真机也是基于 FPGA 实现仿真模型运算的，使用的 FPGA 芯片为 Xilinx VIRTEX-7。OP5700 仿真机可选用 5-Gbps SFP 光纤进行信号通信。

图 1-8　OP5700 仿真机的实物图

Xilinx VIRTEX-7 的实物如图 1-9 所示，其 I/O 接口包含 8 个设置组（32 路的数字 I/O 或者 16 路的模拟 I/O），通过 8 个设置组可实现支持不同的 I/O 组合，具有高度的灵活性，对复杂模型的模拟量 I/O 和数字量 I/O 进行管理，最多可支持 256 路数字 I/O，Xilinx VIRTEX-7 的采样频率为 200MHz。OP5700 仿真机的下位机结构与 OP5600 仿真机的下位

图 1-9　Xilinx VIRTEX-7 的实物图

机结构基本相同，I/O 模块用法、扩展方式和管理方式也与 OP5600 一致，此处不再赘述。

OP4510 仿真机的实物图如图 1-10 所示，搭配 3.3GHz QuadCore 处理器，操作系统为实时操作系统 Linux REDHAT，FPGA 的型号为 Xilinx KINTEX-7。OP4510 总共有 4 个 I/O 模块，16 路独立的模拟输入通道，16 路独立的模拟输出通道，32 路对的数字输出通道，32 路独立的数字输入通道，在 OP4510 仿真机的背部有 DB37 连接器以及 4 个可选择的 5-Gbps SFP 接口。Xilinx KINTEX-7 的 I/O 交互界面拥有 4 个可配置组，支持 32 路数字输入输出或者 16 路模拟输入输出，同一块 FPGA 板卡可支持多端 IO 的组合，I/O 配置极为灵活，可进行 I/O 管理和模型运行，最高可支持 132 路 I/O 管理（OP4510 仿真机仅支持 96 路），采样频率为 200MHz。OP4510 仿真机的目标机有硬盘、供电电源、内存和 CPU 构成，OP4510 仿真机采用固态硬盘驱动，数据存储和记录的速度更快。

图 1-10　OP4510 仿真机的实物图

OP4510 仿真机具有 16 路单端模拟量输出通道，输出信号最高可达 16bits 分辨率，输出电压范围为–16～16V，信号转换时间为 1μs。OP4510 仿真机还具有 16 路差分模拟输入通道，其输入信号也最高可达 16bits 分辨率，输入电压范围为–20～20V，信号转换时间为 0.5μs 或 2.5μs。OP4510 仿真机还具有 32 路数字量输出通道，采用光耦接口，用户可定义输出的电压范围为 5～30V，每个通道的最大驱动电流为–50～50mA。除此之外，OP4510 仿真机还具有 32 路数字输入信号通道，也采用光耦结构，可输入电压的范围为 4～50V，最大驱动电流为 3.6mA。在 OP4510 仿真机的背部，安装着 1 个 DB37 驱动，可交换 16 路信号，背部端口用于仿真主机与外部硬件的连接。

1.3　RT-LAB 界面

1.3.1　RT-LAB 菜单介绍

RT-LAB 的软件主界面如图 1-11 所示，其主菜单包括文件（File）、编辑（Edit）、导航（Navigate）、搜索（Search）、仿真（Simulation）、工具（Tools）、窗口（Window）和帮助（Help）。

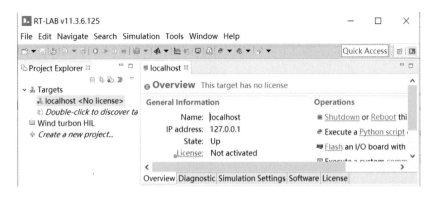

图 1-11　RT-LAB 软件主界面

鼠标点击 File 显示下拉菜单（见图 1-12），包括新建工程（New）、打开文件（Open File）、从文件系统打开工程（Open Projects from File System...）、关闭（Close）、关闭所有（Close All）、快速启动工程（Quick Start-up project）、保存（Save）、另存为（Save as）、保存所有（Save All）、移动（Move）、重命名（Rename）、更新（Refersh）、切换工作空间（Switch Workspace）、打印（Print）、重启（Restart）、导入（Import）、属性（Properties）等。

在 File 菜单下点击 New 菜单，显示可新建的工程为 RT-LAB Project、RT-LAB Target、RT-LAB Model 和 Other 类型。当鼠标进一步点击 RT-LAB Project 时，可新建一个 RT-LAB 工程，如图 1-13 所示。新建工程还可采用如图 1-14 所示的方法，将鼠标放在 Project Explorer 栏目下的"Create a new project..."菜单上单击鼠标实现新建一个工程。

RT-LAB 软件还可从路径打开文件或工程，当鼠标在图 1-13 中的菜单中点击 Open File 时，将会跳出需要打开的路径及路径下的工程，如图 1-15 所示。

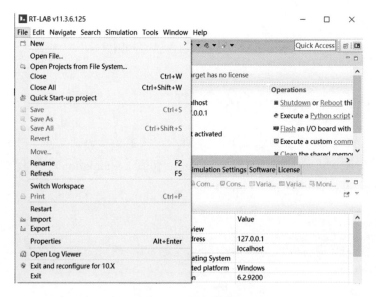

图 1-12 File 菜单

图 1-13 新建 RT-LAB 工程

需要关闭 RT-LAB 工程或文件时,将鼠标放在需要关闭的工程或文件中,并点击图 1-13 所示的 Close 即可。需要关闭所有 RT-LAB 工程或文件时,点击图 1-13 所示的 Close All 即可。当需要保存 RT-LAB 工程或文件时,将鼠标放在需要保存的工程或文件中,并点击图 1-13 所示的 Save 即可。当需要保存所有 RT-LAB 工程或文件时，直接点击 Save All 即可，也可直接采用快捷键"Ctrl+S"来完成。当需要对一个 RT-LAB 工程或文件能够重新命名时，将鼠标点击在需要重命名的工程或文件名上，点击 Rename 并对工程名或文件名其进行重命名即可，也可将鼠标放在需要重命名的工程或文件名上点击一下，直接更改工程名或文件名。

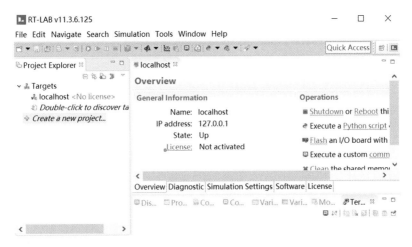

图 1-14　通过 Project Explorer 新建 RT-LAB 工程

图 1-15　从路径打开 RT-LAB 文件或工程

Edit 的次级菜单如图 1-16 所示，包括撤销（Undo）、重做（Redo）、剪贴（Cut）、复制（Copy）、Paste（粘贴）删除（Delete）、全选（Select All）、查找并替换（Find and Replace）。Undo 指令可对当前一步操作进行撤销，Redo 指令可重新进行已撤销的操作，Cut 指令可完成 RT-LAB 工程、RT-LAB 文件或相关语句等的剪贴，Copy 指令用于完成对 RT-LAB 工程、RT-LAB 文件或语句的复制，Paste 指令可完成对已剪贴内容的粘贴，Select 指令用于删除 RT-LAB 工程、TR-LAB 文件或语句等，Select All 指令用于对 RT-LAB 工程、RT-LAB 文件或语句的全选，具体操作需要结合鼠标所在的位置进行，Find and Replace 指令用于查找 RT-LAB 工程、RT-LAB 文件或程序代码中制定的内容，并对制定的内容进行替换。

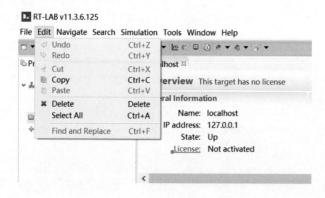

图 1-16　Edit 菜单

　　导航（Navigate）菜单如图 1-17 所示，导航下拉显示菜单包括变量观察器（Variable Viewer）、终端（Terminal）、系统浏览器（System Explorer）和属性（Properties）。Variable Viewer 可用来观察程序变量的数值，System

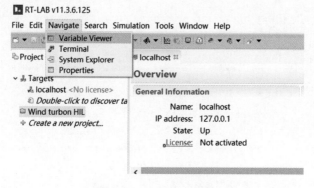

图 1-17　Navigate 菜单

Explorer 可用于浏览系统信息，Properties 用于属性显示和属性设置。Navigate 菜单下的指令只能通过鼠标点击的方式进行操作，没有对应的快捷键操作方式。

Search 菜单下拉列表如图 1-18 所示，包括 Search、File、Text 三个操作。点击 Search...操作后，弹出如图 1-19 所示的界面，可搜寻的类型包括 RT-LAB Search、File Search 和 PPyDev Search。RT-LAB Serach 的搜寻方式可以通过 Search In 下的 Name、Alias、Path、Unit、Description 和 Any Element 进行设置，搜寻的限制条件可通过 Limit To 下的 Parameters、Signals、Variables、Alias、Blocks、SubSystems、Projects、Models、All Occurrents 进行设置，搜寻的 Scope 可以设置成为 Workspace、Selected resources、Enclosing projects 或 Working at，当设置为 Working at 时，需要根据用户的需求进行路径选择。

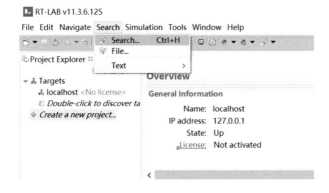

图 1-18　Search 菜单

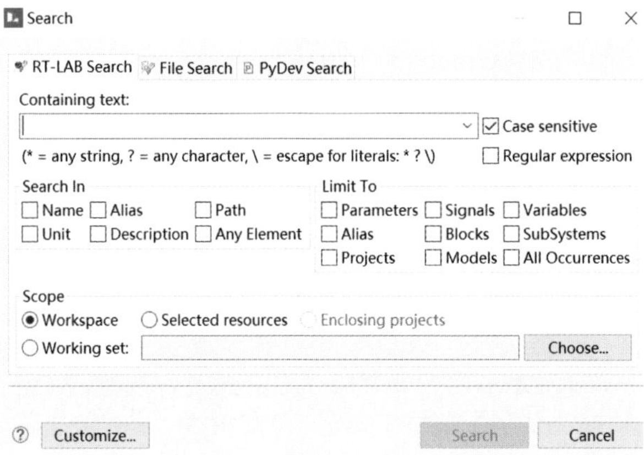

图 1-19　RT-LAB Search 窗口

图 1-20 为 File Search 的窗口，搜寻操作包括的内容（Containing Text）可通过 Case sensitive（事件敏感度）、Regular expression（常规表达）和 Whole word（完整词语）三种方式进行设置。

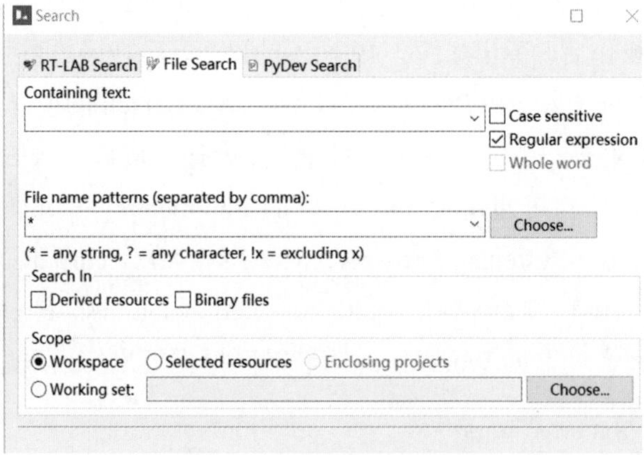

图 1-20　File Search 窗口

File name patterns 可以通过图 1-21 所示的界面进行选择和设置，可选择的类型包括*.Comm、*.avqgr、*.ant、*.bat、*.c、*.cc、*.pp、*.cs、*.csh、*.css、*.csv、*.ctl、*.cxx、*.dsignal、*.dtd、*.e4xmi、*.ecore、*.ent、*.h、*.hh、*.hpp、*.hs、*.htm、*.html、*.ini、*.jave、*.llm、*.llp、*.log、*.m、*.macrodef、*.mak、*.makefile、*.mat、*.mdl、*.mk、*.panel、*.oprec、*.param、*.prefs、*.probe、*.properties、*.pxd、*.pxi、*.py、*.pyw、*.shtml、*.sig、*.signal、*.slx、*.subsys、*.tms、*.txt、*.vi 等。

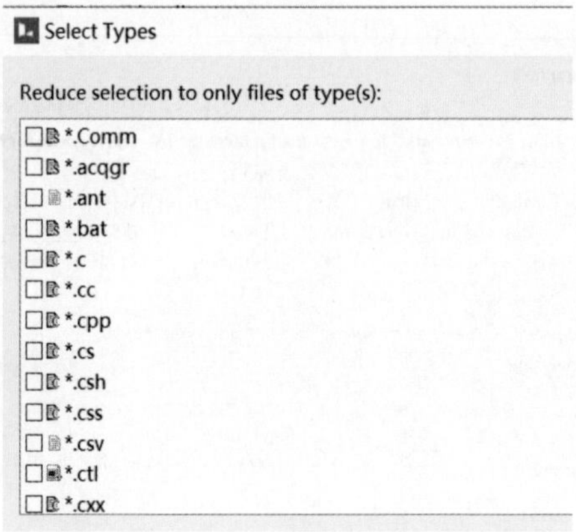

图 1-21　File name patterns 的类型

PyDev Search 窗口如图 1-22 所示，Containing Text 可通过 Case sensitive 和 Whole word 两种方式进行设置。Scope 的设置方式为 Works、Module(s) 和 Project(s)三种。

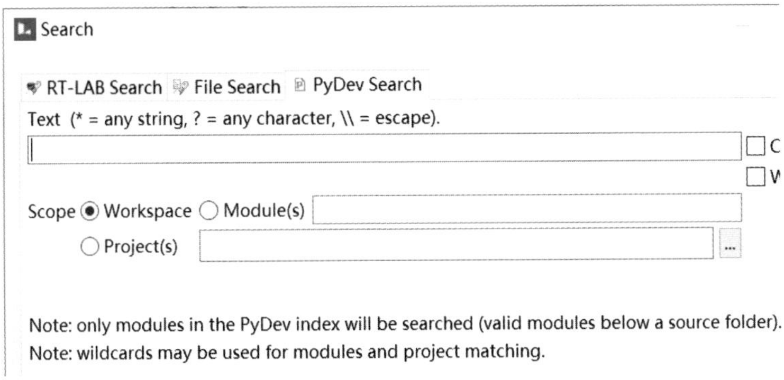

图 1-22　PyDev Search 窗口

图 1-23 为 Simulation 菜单，包括编译（Build）、重新编译（Rebuild All）、编译配置（Build configurations）、分配（Assign）、下载（Load）、执行（Execute）、单步执行（Execute a single step）、暂停（Pause）、重置（Reset）、快照（Take snapshot）、恢复快照（Restore snapshot）。

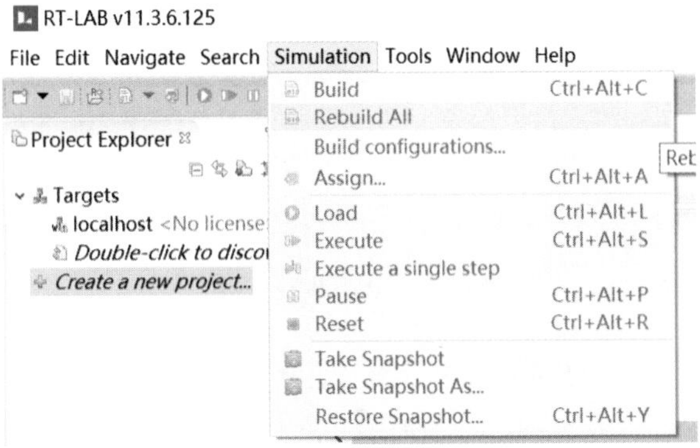

图 1-23　Simulation 菜单

图 1-24 为 Tools 菜单，包括探针控制（Probe Control）、波形观察（Scope View）等。在工具（Tools）菜单中还可打开 MATLAB 软件或其他软件，但在 RT-LAB 软件中能够打开其他软件的前提条件就是已经在电脑上安装了其他软件，并且安装的软件能够被 RT-LAB 软件调用。

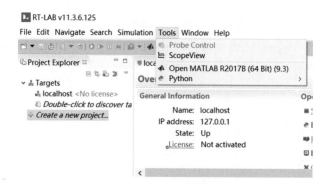

图 1-24   Tools 菜单

图 1-25 为 Window 菜单，包括新建编辑器（New Editor）、打开视角（Open Perspective）、显示试图（Show View）、用户视角（Customize Perspective）、另存视角为（Save Perspective as）、重置视角（Reset Perspective）、关闭视角（Close Perspective）、关闭所有视角（Close All Perspective）、导航（Navigate）、偏好设置（Preferences）。

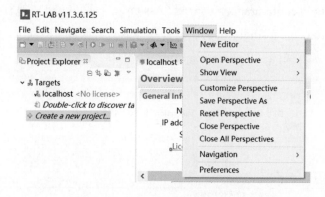

图 1-25   Window 菜单

Open Perspective 的次级菜单只有一个 Other 选项，当打开 Other 选项后，弹出如图 1-26 所示的界面，可打开的视角包括 Configuration、Debug、Edition（default）OP6000、PyDev、Resource 和 Team Synchronizing 七种。

图 1-27 为 Show View 窗口，次级菜单包括编译（Compilation）、调试（Console）、显示（Display）、监控（Monitoring）、进程

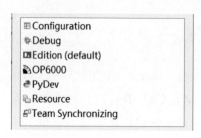

图 1-26   Open Perspective 窗口

（Progress）、工程浏览器（Project Explorer）、属性（Properties）、变量观察器
（Variable Viewer）、变量表（Variables Table）。

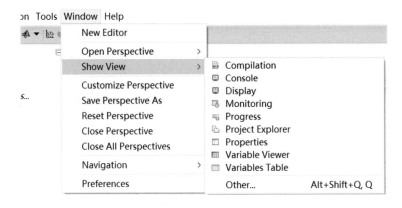

图 1-27　Show View 窗口

用户视角配置页面如图 1-28 所示，包括工具条可视化（Tool Bar Visibility）、
菜单可视化（Menu Visibility）、操作集可用性（Action Set Availability）、快
捷方式（Shortcuts）。

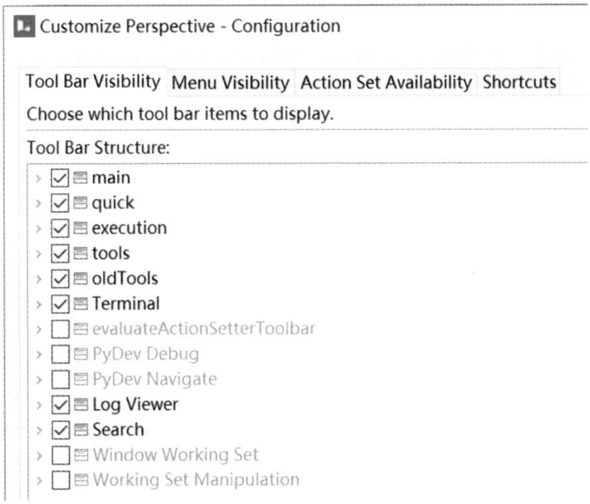

图 1-28　Tool Bar Visibility 窗口

其中，main 项目下还有 New 和 Save 两个次级项目，quick 项目下有一
个 Quick Start-up Project 次级项目，execution 项目下包括 Build、Assign、Load、
Execute、Pause、Reset、Take 和 Snapshot 九个次级项目，oldTools 项目拥有

ScopeView 和 Probe Control 两个次级项目，Terminal 项目下有一个 Open a Terminal 次级项目，PyDev Debug 项目下有 Attach to Process、End Debug Server 和 Start Debug Server 三个次级项目，PyDev Navigate 项目只有一个 Globals Browser 次级项目，Log Viewer 项目只有一个 Open Log Viewer 次级项目，Working Set Manipulation 项目下设两个次级项目，即 Add to Working Set 和 Remove From Working Set 两个次级项目。菜单可视化选择（Manu Visibility）窗口如图 1-29 所示，可选择的项目包括文件（File）、编辑（Edit）、导航（Navigate）、搜寻（Search）、仿真（Simulation）、运行（Run）、工具（Tools）、窗口（Window）和帮助（Help）。

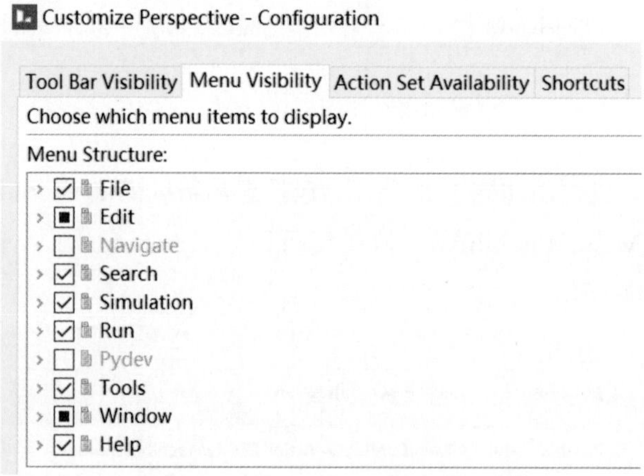

图 1-29　Manu Visibility 窗口

操作集可用性（Action Set Availability）窗口如图 1-30 所示，选择希望看到添加到当前透视图（配置）的操作集。细节字段标识所选操作集将菜单项和/或工具栏项添加到透视图中。操作集包括图表（Cheat Sheets）、键盘快捷键（Keyboards Shortcuts）、日志档案检视器（Log Viewer）、打开文件（Open Files）、PyDev 调试（PyDev Debug）、PyDev 导航（PyDev Navigattion）、RT-LAB 搜寻（RT-LAB Search）、资源导航（Resource Navigation）、窗口工作集（Window Working Set）等。

RT-LAB 软件的偏好设置界面如图 1-31 所示，用户可以根据偏好去设置软件的颜色库编辑器（Colorer Library Editor）下的文件类型（File Types），可设置的项目包括基本语言、联网方式、XML 标准、数据库、INI 脚本、脚本和配置文件、信息脚本等。

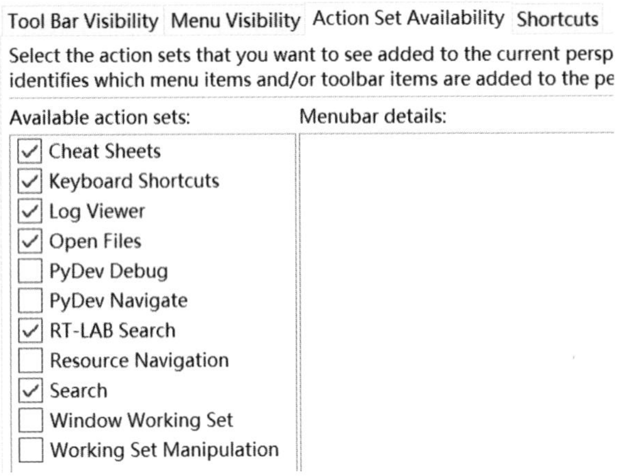

图 1-30 Action Set Visibility 窗口

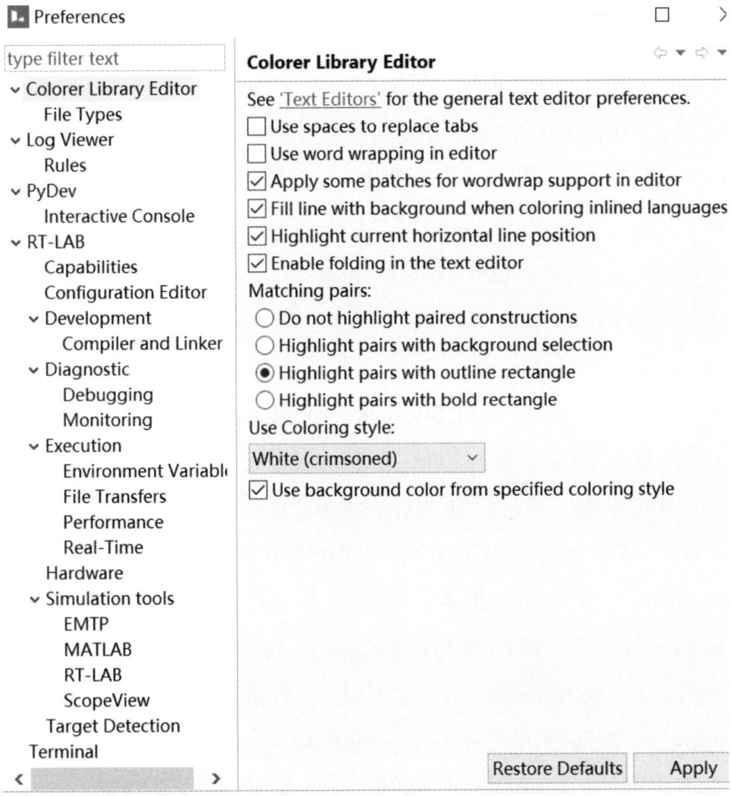

图 1-31 RT-LAB 软件的偏好设置

基本语言可选项包括 C、C++、ASM、Perl、Java、IDL、Pasal、C#、JS.NET、

VB.NET、FORTH、FORTRAN 和 Visual Basic。联网方式可选项包括 html、css、css for html、css for svg、jsp、php、xhtml transitional、xhtml stict、xhtml frameset、asp-VBScript、asp-Javascipt、asp-PerlScript、AOLserver Dynamic Pages、SVG 1.0、ColdFusion、JavaScript、ActionScript、VBScript、web-app、JSP taglib、Parser、wsc、wsf、rss、HTC、Mozilla XBL。XML 标准可选项包括 xml、dtd、xslt 1.0、xslt 2.0、xquery 1.0、XML Schema、Relax NG、wsdl 1.1、xslfo 1.0、DocBook 4.2、MathML 2、wml、RDF。数据库可选项目包括 Clarion、Clipper、FoxPro、SQLJ（Jave sql）、Paradox、SQL，PL/SQL、MySQL、用于 C 的嵌入式 SQL、用于 C++的嵌入式 SQL、用于 COBOL 的嵌入式 SQL。INI 脚本可选项目包括 Boot.ini、MsDos.sys、Config.sys、Regedit 和 Other INI。脚本和配置可选项目包括 Batch/Config.sys/NTcmd、Apache httpd.conf、sh/ksh/bash 脚本、AviSynth、Config，INI 和 CTL、Delphi form、Java：Pnuts、Jave Compiler、Java properties、Jave policy、Lex、YACC、makefile、Resources、RTF text、Tex、OpenVMS DCL、VRML、Ant`s build.xml、XSieve xslt、Litestep.steprc、VIM。信息脚本可选项目包括 fido message、inet e-mail。RT-LAB 软件可以对日志档案检视器的规则（Rules）进行设置。RT-LAB 软件还可对功能进行偏好设置，允许用户启用或禁用各种产品组件，这些功能可按照一组预定义的类别进行分组，包括操作器（Operator）、开发器（Developer）、IO 配置（IO configuration）。

RT-LAB 软件允许用户对开发代码和模型的编码器和连接器进行偏好设置，如图 1-32 所示，用户可对 Sources、Includes、Libraries、Library Path 和 Compiler 进行偏好设置。在对编码器进行偏好设置时，所能进行的设置项目包括变编码器的版本，可选自动编译、Visual C++ 2010 10.0 32 位版本、Visual C++ 2010 10.0 64 位版本、Visual C++ 2008 9.0 版本、Visual C++ 2005 8.0 位版本、Visual C++ 6.0 VC6 版本。除此之外，用户还可对编码器的编码指令（Compiler command）、编码选择（Compiler options）及连接器选择（Linker options）等进行个性化设置。在 RT-LAB 软件的帮助（Help）菜单下包含欢迎（Welcome）、帮助内容（Help Contents）、帮助搜索（Help Search）、显示文字性帮助（Show Contextual Help）、显示激活的快捷键（Show Active Keybindings）、图表（Cheat Sheets）、打开知识库（Open Knowledge Base）、关于（About）、请求许可（Request a License）和安装许可文件（Install a license file）。

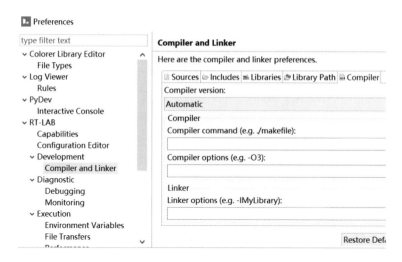

图 1-32　编译器和连接器的偏好设置

在图 1-33 中打开 "Welcome" 后,跳出如图 1-34 所示的欢迎界面。进一步点击概况(Overview)可看到如图 1-35 所示的画面,引言(Introduction)主要讲解 RT-LAB 是怎样工作的,这部分内容对于初学者帮助较大。用户可在开始(Getting started)部分按照相关指引一步步熟悉 RT-LAB 的工作。概念(Concepts)部分主要对 RT-LAB 软件使用过程中的一些概念进行定义和说明,让用户对 RT-LAB 的部件更加熟悉。任务(Tasks)部分主要是帮助用户完成特殊的任务。

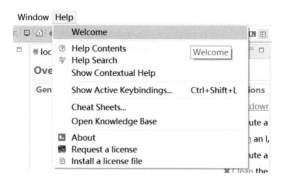

图 1-33　RT-LAB 的帮助菜单

在 Introduction 部分,RT-LAB 提供的帮助文档包含:eOHASORsim 用户指南(eOHASORsim User Guide)、PyDev 用户指南(PyDev User Guide)、RT-LAB 模块库参考指南(RT-LAB Block Library Reference Guide)、RT-LAB C API 参考指南(RT-LAB C API Library Reference Guide)、RT-LAB I/O 模块

库参考指南（RT-LAB I/O Block Library Reference Guide）、RT-LAB 安装指南
（RT-LAB Installation Guide）、RT-LAB LabView API 参考指南（RT-LAB
LabView API Reference Guide）、RT-LAB Orchestra API 参考指南（RT-LAB
Orchestra API Reference Guide）、RT-LAB Python API 参考指南（RT-LAB
Python API Reference Guide）、RT-LAB 版本说明（RT-LAB Release Notes）、
RT-LAB 用户指南（RT-LAB User Guide）。

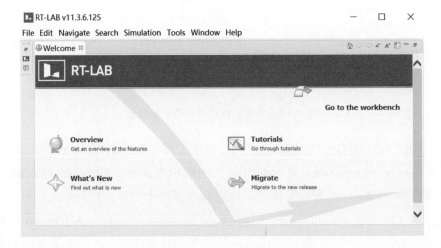

图 1-34　RT-LAB 的欢迎界面

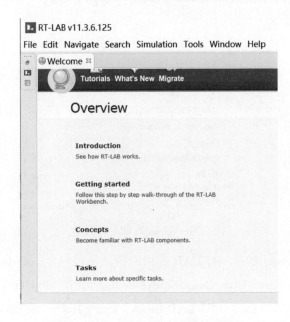

图 1-35　RT-LAB 的 Overview 界面

1.3.2 RT-LAB 仿真系统的优点

（1）开发仿真模型效率高。RT-LAB 实时仿真系统可完全与 MATLAB/Simulink 集成，所有为 RT-LAB 准备的模型都能够在已有的动态系统模型环境中完成。通过使用这些工具，用户也会积累相应的经验。RT-LAB 完全集成第三方建模环境以及用户代码库，支持 StateFlow、Simscape、CarSimRT、PLECS、AMESim、Dymola 的模型以及 C、C++的合法代码。

（2）在线仿真速度快。RT-LAB 提供的工具能够方便地把系统模型分割成子系统，使得在目标机上能够并行处理。通过这种方法，如果仿真模型不能在单处理器上运行实时运行，RT-LAB 能提供多个处理器共享一个负载的方法实现高效率实时在线运行。在执行仿真任务期间，RT-LAB 为处理器间的通信提供无缝对接，可以在目标机之间混合使用任何 UDP/IP，共享内存以及无限带宽协议进行数据的低反应时间通信。用户也可以使用 TCP/IP 和主站上的模型进行实时互动。RT-LAB 集成了 Opal-RT 的 OP5000 硬件接口设备，具有 10 亿分之一秒的精确定时和实时性能。RT-LAB 的 XHP（超高性能）模式允许用户能够以非常快的速度在目标机上计算实时模型，使得用户能够运行比分布式处理器更复杂的模型，运行时间周期可低于 $10\mu s$。在一个时间步长内，系统不仅计算动态模型，而且也管理任务，如读写 I/O、刷新系统时钟、传输数据以及处理通信，虽然这限制了一帧内用于模型计算的时间量，进而限制了单处理器上能够计算的模型大小，但 RT-LAB 在保证完成功能的情况下，能把非硬件计算部分降低到最小，提高计算 RT-LAB 计算大规模、复杂模型的能力。

（3）用户体验度高。RT-LAB 具有丰富的 API，可为用户开发出需要的在线应用，使用诸如 LabVIEW、C、C++、Visual Basic、TestStand、Python and 3D virtual reality 等工具轻松创建定制的功能和自动测试界面。RT-LAB 是第一个完全可测量的仿真和控制包，用户能够分割模型，并在标准 PC、PC/104s 或者 SMP（对称式多处理器）组成的网络上并行运行。使用标准以太网（IEEE1394）进行通信，通过共享内存、无限带宽协议（DolphinSCI）信号线或者 UDP/IP 进程间通信，为信号和参数的可视和控制提供丰富的接口。在 RT-LAB 的可视化界面和控制面板中，用户可以动态选择要跟踪的信号，实时修改任何模型信号或参数。除此之外，RT-LAB 还支持广泛的 I/O 卡，所支持的设备超过 100 种。RT-LAB 也支持诸如 NI、Acromagm、Softing、

Pickering 以及 SBS 等主流生产厂家所生产的板卡。RT-LAB 是唯一的实时仿真框架，可提供两种高性能实时操作系统，具有高性能、低抖动的优化硬件实时调度程序。

1.3.3　RT-LAB 仿真系统的基本概念

1.3.3.1　子系统及其分组

子系统（subsystem）将一系列模块封装在同一个模块中，如图 1-36 所示。通过分组可简化模型、建立层次式原理图、聚合功能化模块。在 RT-LAB 仿真系统中，设置子系统有两个目的：①区别计算系统及用户界面；②给不同计算子系统分配 CPU 核。在 RT-LAB 仿真系统中，运行的 Simulink 模型的顶层只能存在子系统。

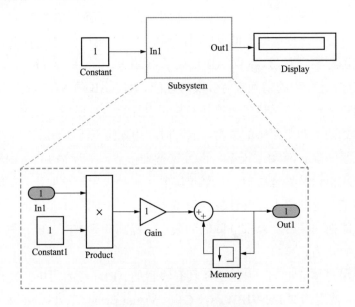

图 1-36　子系统的示意图

子系统可分为实时子系统与非实时子系统。实时子系统将在目标机的 CPU 核上实时运算，非实时子系统将在上位机电脑上显示，实时子系统与非实时子系统之间的数据通过 TCP/IP 链路进行异步交换。

如图 1-37 所示，SM_computation 子系统是一个实时子系统，SC_GUI 是一个非实时子系统，SM_computation 子系统与 SC_GUI 子系统通过 TCP_IP 链路进行数据的异步交换。子系统分组可为不同的子系统分配 CPU 核，模型可以分在不同的子系统中，模型中每个子系统将在实时目标机的一个 CPU 核上运行，两个计算子系统之间的数据通过共享存储器进行同步交换。如图 1-38 所示，SS_computation2 子系统作为一个实时子系统，被分配到一个 CPU 核上运行，SM_computation1 作为另一个实时子系统，被单独分配到另外一个 CPU 核上运行，SS_computation2 实时子系统与 SM_computation1 实时子系统的数据统统共享存储器进行同步交换，SC_GUI 非实时子系统与实时子系统 SS_computation2 和 SM_computation1 之间的数据交换是异步进行的。

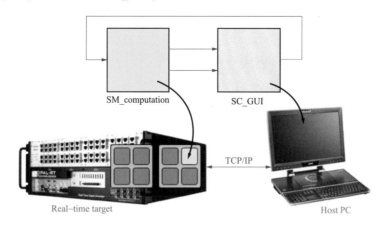

图 1-37 子系统的分组示意图

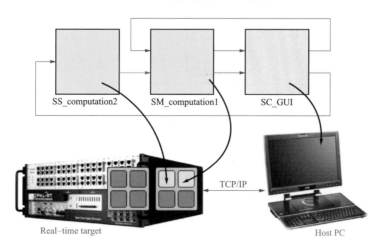

图 1-38 实时子系统数据同步共享的示意图

给非实时子系统命名的规则为 SC_XXX，非实时子系统包含用户模块、示波器、显示器、手动开关、常数，从计算子系统引出来，在 PC 上位机上运行，与下位机 CPU 核没有联系，不能有信号生成、不能有复杂的数学运算及物理模型。实时子系统包含模型中所有的运算部分、数学运算、I/O 模块、信号发生器、物理模型等，主级系统有且只有一个实时子系统，实时子系统的命名规则是 SM_XXX，使用一个 CPU 核，次级运算子系统可以命名为 SS_XXX，可以有一个或者多个次级子系统。

因此，可以归纳结论为：在 RT-LAB 模型顶层中只允许有一个主系统，非实时转系统 SC_XXX 用来做控制界面，实时子系统 SM_XXX 和 SS_XXX 系统用来运算，一个 CPU 核只能执行一个运算系统，实时计算子系统间的通信是同步的，实时运算系统和非实时系统间的通信是异步的，各系统间的信号可以是标量也可以是矢量，但信号必须是 double 类型。

1.3.3.2 OpComm 模块

OpComm 模块负责各个实时运算系统之间、实时运算系统和非实时子系统之间的通信，RT-LAB 安装后，在 RT-LAB 模块库中可以找到 OpComm 模块，如图 1-39 所示。所有的系统如 SM、SS、SC 的信号输入必须要先通过 OpComm 模块，否则相连的信号不能运行。

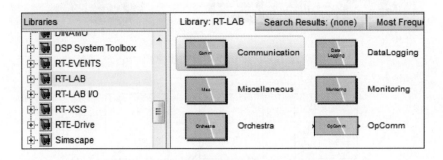

图 1-39 RT-LAB 系统的 OpComm 模块

必须在子系统创建和重命名（SS_XXX/SM_XXX/SC_XXX）之后才能插入 OpComm 模块。OpComm 模块可以接收多输入信号，双击模块可选择需要输入的信号数目，信号可以是标量也可以是矢量。在运算子系统中（SM_XXX/SS_XXX），OpComm 模块从其他运算系统中接收的是实时同步信号，OpComm 模块从 GUI 系统（注：GUI 系统为非实时子系统）中接收的是异步信号。在大多数情况下，一个 OpComm 模块就够仿真模型使用，也可以插入更多的 OpComm 模块（最多 25 个）用以接收来自实时子系统的信号，多输入的 OpComm 模块可以根据数据接收时的参数定义特定的接收组。如图 1-40 所示，SM_XXX 实时子系统只接收来自 SC_GUI 非实时子系统的异步信号，SM_XXX 实时子系统只能有一个 OpComm 模块。

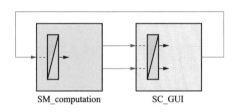

图 1-40   只含 1 个实时子系统下 OpComm 模块的应用

在具有多个实时子系统的仿真模型中，如图 1-41 所示，SM_XXX 实时子系统只接收来自 SC_XXX 非实时子系统的异步信号，SM_XXX 实时子系统只能有一个 OpComm 模块，SS_XXX 实时子系统只接收来自 SC_XXX 非实时子系统的异步信号，SS_XXX 实时子系统也只能有一个 OpComm 模块。

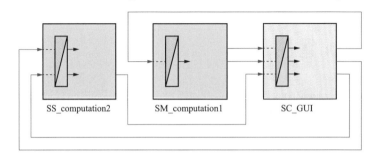

图 1-41   含有 2 个实时子系统下 OpComm 模块的应用

在图 1-42 所示的多个实时子系统中，SM_computation1 只接收来自 SC_GUI 的非同步信号，在 SM 中只有 1 个 OpComm 模块，SS_computation2 只接收来自 SM_computation1 的同步信号，在 SS 中也只有 1 个 OpComm 模块。SM_computation1 不仅接收来自 SC_GUI 的非同步信号，还接收来自 SS_computation2 的同步信号，在 SM_computation1 中有两个 OpComm 模块，SS_computation2 只接受来自 SS_computation3 的同步信号，在 SS_computation2 中仅有一个 OpComm 模块，SS_computation3 不仅接收来自 SC_GUI 的非同步信号，还接收来自 SM_computation1 的同步信号，在 SS_computation3 中有 2 个 OpComm 模块。

1.3.3.3   最大化并行运算

在搭建 RT-LAB 工程并进行最大化并行运算之前，需要对一些包括 "状态量""死锁""串行运算" 等概念进行了解。

状态可以被定义为输出信号，是由输入量、输出量计算而得到的输出信号，可表示为

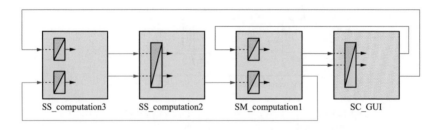

SS_computation3   SS_computation2   SM_computation1   SC_GUI

图 1-42　含有多个实时子系统下 OpComm 模块的应用

$$y_z = y_{z-1} + x_{z-1}\Delta t \qquad (1-1)$$

式中：y_z 为第 z 个周期的输出信号；y_{z-1} 为第 $z-1$ 个周期的输出信号（输出计算量）；x_{z-1} 为第 $z-1$ 个周期的输入量；Δt 为信号系统采样时间或计算时间。

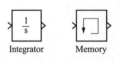

图 1-43　Integrator 和 Memory 模块

通过如图 1-43 所示的模块可以引入两个状态量模块，这两个状态量模块的名字分别叫 Integrator 和 Memory，用 Integrator 模块输出其输入信号相对于时间的积分值。

Simulink 将 Integrator 模块作为具有一种状态的动态系统进行处理，模块动态可表示为

$$\begin{cases} \dot{x}(t) = u(t) \\ y(t) = x(t) \\ x(t_0) = x_0 \end{cases} \qquad (1-2)$$

式中：$u(t)$ 是模块输入；$y(t)$ 是模块输出；$x(t)$ 是模块状态；x_0 是 x 的初始条件。

虽然式（1-2）定义了连续时间下的准确关系，但 Simulink 使用数值逼近方法以有限精度来进行计算。Simulink 可以使用若干不同的数值积分方法来计算模块的输出，每种方法都在特定的应用中各具优势。使用 Configuration Parameters 对话框的 Solver 窗格可以选择最适合用户应用的方法。所选求解器会使用当前输入值和前一个时间步的状态值计算 Integrator 模块在当前时间步的输出。为支持此计算模型，Integrator 模块会保存在当前时间步的输出，以供求解器计算其在下一个时间步的输出。该模块还为求解器提供了初始条件，用于计算该模块在仿真开始时的初始状态。初始条件的默认值为 0。使用模块参数对话框可以为初始条件指定其他值，或在模块上创建初始值输入端口。使用参数对话框可以：①定义积分的上限和下限；②创建可将模块的输出（状态）重置为初始值的输入，具体取决于输入的变化方式；③创建可选的状态输出，以便模块的输出值可以触发模块重置。使用 Discrete-Time

Integrator 模块可以创建纯离散系统。

Memory 模块将其输入保持并延迟一个主积分时间步。当放置于迭代子系统中时，该模块将其输入保持并延迟一个迭代。此模块接受连续和离散信号。此模块接受一个输入并生成一个输出。每个信号可以是标量、向量、矩阵或 N 维数组。如果输入为非标量，该模块会将输入的所有元素保持并延迟相同的时间步。使用 Initial condition 参数指定第一个时间步的模块输出。仔细选择此参数可以最大程度地减少不需要的输出行为。但是，用户不能指定采样时间。此模块的采样时间取决于所用求解器的类型，用户可以指定继承采样时间（Inherit sample time）。Inherit sample time 参数确定采样时间是继承的还是基于求解器。当以下两个条件均为真时，避免使用 Memory 模块：①模型使用可变步长求解器 ode15s 或 ode113；②模块的输入在仿真期间发生变化。

当 Memory 模块继承离散采样时间时，该模块类似于 Unit Delay 模块。但是，Memory 模块不支持状态记录。如果需要记录最终状态，请改用 Unit Delay 模块。Memory、Unit Delay 和 Zero-Order Hold 的推荐用途和相应功能分别如表 1-1 和表 1-2 所示。

表 1-1　　　　Memory、Unit Delay 和 Zero-Order Hold 的推荐用途

Unit Delay 模块	使用用户指定的离散采样时间实现延迟。该模块接受并输出具有离散采样时间的信号
Memory 模块	将信号延迟一个主积分时间步。在理想情况下，该模块接受连续（或在子时间步中固定）的信号并输出在子时间步中固定的信号
Zero-Order Hold 模块	将具有连续采样时间的输入信号转换为具有离散采样时间的输出信号

表 1-2　　　　Memory、Unit Delay 和 Zero-Order Hold 的相应功能

功能	Memory	Unit Delay	Zero-Order Hold
指定初始条件	是	是	否，因为在时间 t=0 的模块输出必须与输入值相匹配
指定采样时间	否，因为该模块只能从驱动模块或用于整个模型的求解器继承采样时间	是	是
支持基于帧的信号	否	是	是
支持状态记录	否	是	否

图 1-44 展示了 sldemo_bounce 示例说明如何使用 Second-Order Integrator 和 Memory 模块捕获弹球在即将撞击地面之前的速度。

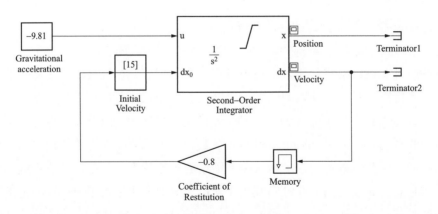

图 1-44　Bouncing Ball 模型

　　由于没有为 Memory 模块选择 Inherit sample time，因此模块采样时间取决于用来进行模型仿真的求解器的类型。在本示例中，模型使用可变步长（ode23）求解器。因此，Memory 模块的采样时间是连续的，但在子时间步中是固定的［0，1］。运行模型时，将得到如图 1-45 所示的结果。如果将 Memory 模块替换为 Unit Delay 模块，将得到相同的结果。但是，由于离散的 Unit Delay 模块继承了连续采样时间，因此会显示警告。

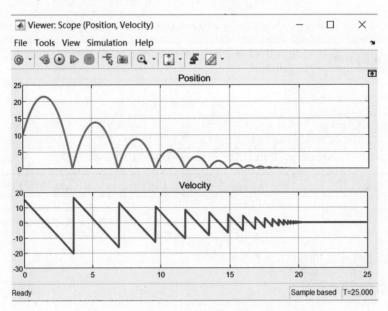

图 1-45　Bouncing Ball 模型的运行结果

　　死锁是 RT-LAB 中一种无法运行的案例，如图 1-46 所示，RT-LAB 工程中包含两个子系统，即 sm_subsystem 和 ss_subsystem 两个子系统，而 sm_ subsystem 和 ss_subsystem 两个子系统又在逻辑上构成循环,当同时出现"sm_subsystem 子系统等待 ss_subsystem"和"ss_subsystem 子系统等待 sm_subsystem"状况时,会导致 RT-LAB 被死锁。

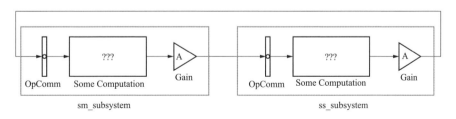

图 1-46   RT-LAB 被死锁示意图

图 1-46 是一个串行运算,每一个步长内,RT-LAB 都做如下步骤:①ss_subsystem 子系统发送信号给 sm_subsystem 子系统;②sm_subsystem 子系统自运算;③sm_subsystem 子系统发送信号给 ss_subsystem 子系统;④ss_subsystem 子系统自运算。

图 1-46 中的串行运算案例是一种糟糕案例。图 1-47 展示了部分并行运算案例,每一个步长内,RT-LAB 都做如下步骤:①ss_subsystem 子系统发送信号给 sm_subsystem 子系统;②sm_subsystem 子系统内进行 gain 运算;③sm_subsystem 子系统发送信号给 ss_subsystem 子系统;④ss_subsystem 子系统进行自运算,并且 sm_subsystem 子系统的进行余下运算。

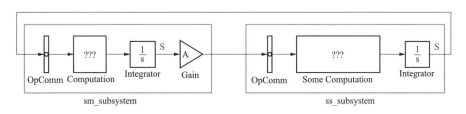

图 1-47   部分并行运算案例

图 1-48 展示了全部并行运算案例,相比于图 1-46 和图 1-47 中的案例,图 1-48 中的案例是一个最优案例。每一个步长内,RT-LAB 都做如下步骤:①ss_subsystem 子系统发送信号给 sm_subsystem 子系统;②sm_subsystem 子系统发送信号给 ss_subsystem 子系统;③两个子系统同时并行运算。

并行计算可以划分成时间并行和空间并行。时间并行即流水线技术,空间并行使用多个处理器执行并发计算,当前研究的主要是空间的并行问题。并行计算是相对于串行计算来说的。要理解并行计算,首先需要了解串行计

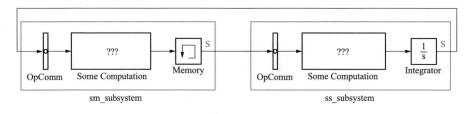

图 1-48　全部并行运算案例

算。串行计算不进行将任务拆分，一个任务占用一块处理资源。并行计算则不同。首先，并行计算可以划分成时间并行和空间并行。时间并行就是流水线技术，空间并行使用多个处理器执行并发计算。目前以研究空间并行为主。从空间并行的角度来说，并行计算将一个大任务分割成多个子任务，每个子任务占用一定处理资源。并行计算中不同子任务占用的不同的处理资源来源于同一块大的处理资源。换一个说法，就是将一块大的处理资源分为几块小的处理资源，将一个大任务分割成多个子任务，用这些小的处理资源来单独处理这些子任务。并行计算中各个子任务之间是有很大的联系的，每个子任务都是必要的，其结果相互影响。

分布式计算可以看作是一种特殊的并行计算。分布式计算也是将一个大的任务分成几个子任务，不同子任务占用不同的处理资源。不过分布式计算的子任务之间并没有必然联系（互不相干），不同子任务独享自己的一套单独的计算系统。跟并行计算的不同点在于，分布式计算的子任务具有独立性，一个子任务的运行结果不会影响其他的子任务，所以分布式计算对任务的实时性要求不高，且允许存在一定的计算错误（每个计算任务有多个参与者进行计算，计算的结果需要上传到服务器后进行比较，对结果差异大的进行验证）。分布式计算是将大任务划分为小任务，各台参与计算的电脑之间是在物理地域上的分布，一般有服务器作为"中央"，参与计算的电脑不用了解工作原理，仅仅只是就自己感兴趣的项目做贡献而已，也这就是说，分布式计算是众多参与者一起组成"一台"专供某些科研组织使用的超级处理机。

2

RT-LAB 系统功能

2.1 RT-LAB 的基本功能

2.1.1 打开 RT-LAB 软件

除快捷图标（见图 2-1）打开 RT-LAB 软件的方法，还可通过系统"开

RT-LAB
v11.3.6.125

图 2-1　通过快捷图标
打开 RT-LAB 软件

始"进入已安装的程序目录，寻找到 RT-LAB 软件图标打开。RT-LAB 软件打开后，会弹出如图 2-2 所示的界面，需要用户根据需要选择 RT-LAB 的工作空间，RT-LAB 默认的工作空间路径是：C:\Users\OPAL-RT\RT-LABv11.3_Workspace，当用户不想把 RT-LAB 的工作空间设置为上述路径时，可点击 Browser 自行设计 RT-LAB 工作空间的保存路径。

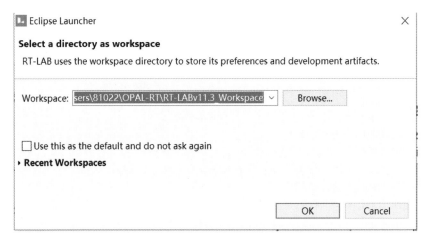

图 2-2　RT-LAB 的默认工作空间设置

当用户按照图 2-2 设置完成 RT-LAB 工作空间后，将弹出图 2-3 所示的 RT-LAB 版本信息界面。在图 2-3 界面中，用户可以观察到已安装 RT-LAB 的版本信息，如作者安装的版本为 RT-LAB 11，则在图 2-3 中显示为"VERSION 11"。同时，用户还能看到 RT-LAB 开发公司"OPAL-RT TECHNOLOGIES"的信息及版权提示。

图 2-3　RT-LAB 的版本信息

2.1.2　新建 RT-LAB 工程并添加示例模型

通过图 2-4 所示的方式建立 RT-LAB 新工程。建立新项目的步骤为：File→New→RT-LAB Project。

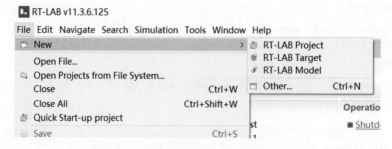

图 2-4　RT-LAB 建立新工程的操作过程

新建 RT-LAB 工程时，需要在图 2-5 所示界面中填入 RT-LAB 项目名，例如，此处的项目名默认为"Untitled"，保存路径为：C:User\81022\Desktop，保存路径还可设置为默认路径，如果用户想将保存路径设置为默认路径，只需要在 Use default location 选项前面的方框中勾选即可。除此之外，还需对工程进行描述，在 Project description 下根据用户的需要对工程的功能或其他属性进行描述，当然，如果用户不需要或者不想对工程进行添加解释或描述时，可以直接忽略 Project description，跳过这一步操作。用户还可对工作组（Working sets）进行设置，当用户建立的 RT-LAB 需要放在某一个工作组时，才需要在 Working sets 下面 "Add project to working sets" 前面的方框就行勾选，此处将 working sets 选择为 test 工作组。如果用户没有在新建 RT-LAB 工程前建立工作组，此时也点击 "Add project to working sets" 后面得 "New" 按键新建一个工作组，将弹出如图 2-6 所示的界面，用户需要在 Working set name 中输入工作组的名字，还需要在 Workings set contents 中输入工作组的内容。

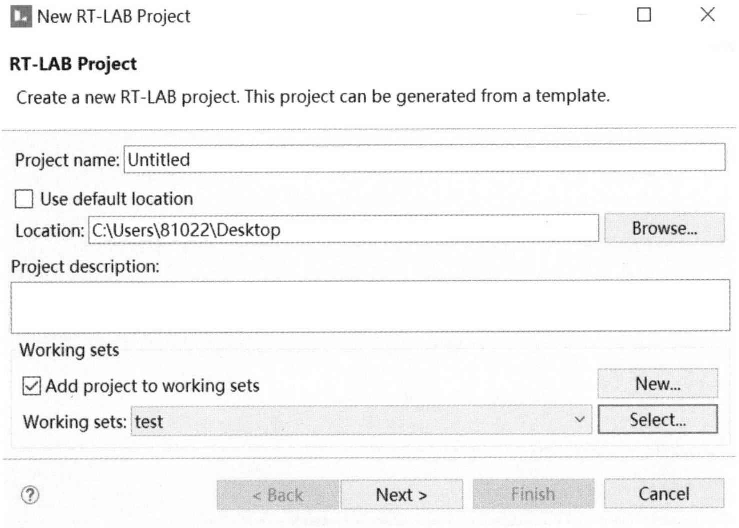

图 2-5　新建 RT-LAB 工程界面

　　当工作组设置完成后，图 2-6 所示的界面会跳回到图 2-5，此时，点击图 2-5 中的 "Next" 按钮，将弹出如图 2-7 所示的界面，用户可根据新建工程的需求，在可用模板（Available Templates）选项中选择需要的工程模板，一般选择 Basic 下的 rtdemo1、rtdemo2 或 rtdemo3 当中的一个作为 RT-LAB 工程模板，此处选 trdemo1 作为需要新建工程的模板，如图 2-8 所示，然后点击 "Finish" 按键，桌面将弹出如图 2-9 所示的界面，显示 RT-LAB 软件正在与名为 "Untitled" 的 RT-LAB 工程进行链接。

图 2-6　Working sets 的界面

图 2-7　选择新建工程的模板

图 2-8　选择 trdemo1 作为新建工程的模板

当图 2-9 所示的过程完成后，RT-LAB 软件将完成工程的建立，跳出如图 2-10 所示的界面。Untitled 工程下面包含 Models、I/O Interfaces、Panels、Recorders、Configuration（Default）scripts 和 Create a new project 项目。点击 Untitled→Models 将在 Models 下面显示名字为"rtdemo1"的项目，进一步点击 rtdemo1，则在 rtdemo1 项目下面显示出 Aliases 和 OpInputs&OpOutput 两个子项目。

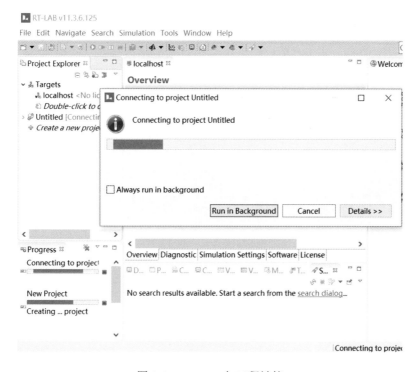

图 2-9　RT-LAB 与工程链接

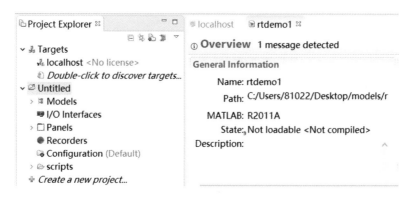

图 2-10　完成新建 RT-LAB 工程

用鼠标右键点击图 2-10 中 Model 下的 rtdemo1 模型，弹出如图 2-11 所示的界面，此时，可再新建（New）一个模型（Model）或与其他文件中的模型进行链接（Linked Folder）。当用鼠标点击图 2-11 中的 Model 时，弹出如图 2-12 所示的界面，用户需要在 Model name 后面的框中填入模型名，此处，模型名为 test。模型类型可通过 Model type 后面的复选框进行选择，可选类型包括 MATLAB/Simulink（.mdl）、MATLAB/Simulink（.slx）和 EMTP-RT 三种格式，此处选择 MATLAB/Simulink（.mdl）。用户根据需要还可在 Model description 中添加模型注释和功能说明等。当上述设置完成后，点击图 2-12 中的 Finish 按键，将在 rtdemo1 下面添加一个新的名字为"test"的模型，如图 2-13 所示。

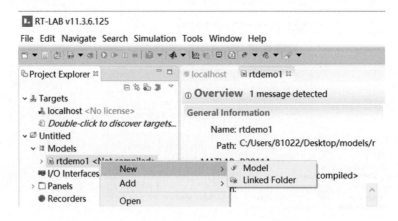

图 2-11　点击鼠标右键 rtdemo1 弹出的界面

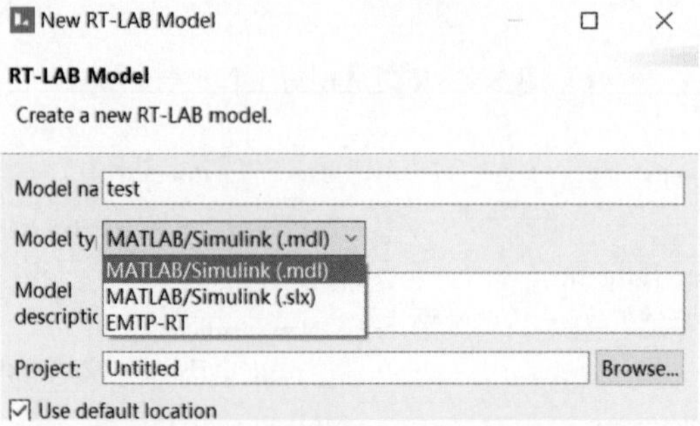

图 2-12　通过右键 rtdemo1 新建模型

将鼠标放在图 2-12 中的 test 模型上，然后点击右键，通过 test→Add→Existing model 可添加一个已有模型到 Models 项目下，如图 2-13 所示。

用鼠标点击图 2-13 中的 Existing model，弹出如图 2-14 所示的界面，让用户选择需要添加模型的方式，可选方式为模型导入（Import）和链接（Link）两种。

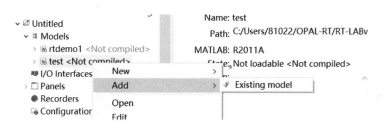

图 2-13　通过右键 test>>Add>>Existing model 添加模型

图 2-14　添加模型方式选择

　　模型导入（Import）和链接（Link）均是把已存在的模型增加到工程项目中的做法，需要说明的是：链接（Link）会直接修改原模型，也就是说，当用户在 RT-LAB 中对模型进行修改后，会导致原始模型也发生改变，可以理解为链接（Link）就是在 RT-LAB 工程中直接打开该模型；模型导入（Import）是将原始模型导入到 RT-LAB 的工作空间，实际上等同于将原始模型复制之后，又添加到 RT-LAB 的工作空间，不会对原始模型进行修改，换句话说，通过这种方式添加的模型，即使在 RT-LAB 工程中对添加的模型进行直接修改，也不会改动原始位置上模型的内容。本书作者推荐使用模型导入（Import）的方式在 RT-LAB 工程中对一个模型进行添加。

　　如图 2-15 所示，在模型上点击鼠标右键，还可以选择打开（Open）该模型，也可对该模型进行编辑（Edit），当鼠标点击编辑（Edit）后，RT-LAB 就会用默认版本的 MTALAB/Simulink 打开该模型，此处，点击图 2-15 所示的编辑（Edit）后，弹出图 2-16 所示的界面，说明 RT-LAB 已经自动调用 MATLAB 软件并在 MATLAB/Simulink 中打开 rtdemo1 的模型，此时，用户可在 MATLAB/Simulink 中对 rtdemo1 这个模型的内容进行编辑和改动。

图 2-15　模型右键选项

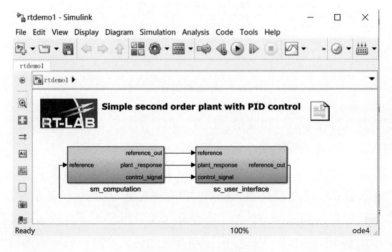

图 2-16　rtdemo1 模型

　　用户在用 MATLAB/Simulink 打开 RT-LAB 工程时常常会遇到因为 MATLAB 版本不同而导致 RT-LAB 工程中的模型无法编辑会不能正常显示等问题。在这种情况下，用户需要根据模型的实际情况选择 RT-LAB 所要链接的 MATLAB/Simulink 版本。此时，用户可用鼠标右键点击模型，通过 Edit with 选择需要的 MATLAB/Simulink 版本，对 RT-LAB 模型进行编辑。如图 2-17 所示，通过 Edit with 在作者的电脑上可选择打开 MATLAB 的版本有 MATLAB R2017B 和 MATLAB R2016B 两个版本。需要说明的是：如果用户需要用不同版本 MATLAB 软件对 RT-LAB 模型进行编辑，前提条件就是用户在自己的电脑上已经安装过相关版本的 MATLAB 软件，正如作者的电脑上已经安装过 MATLAB R2016B 和 MATLAB R2017B，所以作者能够选择用 MATLAB R2016B 和 MATLAB R2017B 对 RT-LAB 模型进行编辑，也正因为作者的电脑上只安装了 MATLAB R2016B 和 MATLAB R2017B，所以作者也只能采用 MATLAB R2016B 和 MATLAB R2017B 对 RT-LAB 模型进行编辑和改动，而不能用 MATLAB R2016A 甚至 MATLAB R2018B 对 RT-LAB 中的模型进行修改。

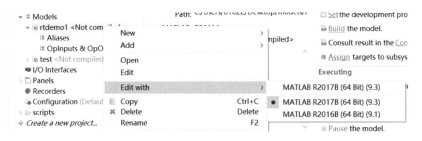

图 2-17 选择不同版本 MATLAB/Simulink 对 RT-LAB 模型进行编辑

2.1.3 添加目标机

用户在 RT-LAB 平台上打开模型后，需要将模型下载到仿真机中去，此时，需要在 RT-LAB 软件中添加模型，需要下载到仿真机的 IP 地址，如图 2-18 所示，将鼠标放在 Targets 上，然后点击右键，可以通过 New 新建一个目标机的 IP 地址，也可以通过 Discover targets 自动搜寻仿真机的 IP 地址。此处，需要说明的是：通过 Discover targets 自动搜寻仿真机 IP 地址的前提是"仿真机与安装 RT-LAB 的电脑之间已经事先通过光纤或其他方式链接"，否

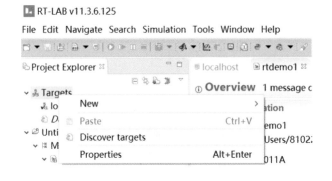

图 2-18 添加目标机 IP 地址

则，即使用户用鼠标点击了 Discover targets，在 RT-LAB 软件上也搜寻不到仿真机的 IP 地址。

新建目标机的操作方式如图 2-19 所示，点击鼠标右键，Targets→New→New Targets，弹出如图 2-20 所示的界面，用户需要给出目标机的名字（Name）和 IP 地址（IP Address），可以将目标机命名为"abcd"，IP 地址为"192.168.0.1"，此处的 IP 地址必须与已连接的仿真机的实际 IP 地址一致，否则，将导致新建的目标机无法运行。

图 2-19　新建目标机

图 2-20　新建目标机的命名和 IP 地址

2.1.4　编辑目标机

当用户对目标机的用户名或 IP 地址进行设置，并正确连接到目标仿真机后，用户可对目标机进行编辑，如图 2-21 所示，用户可对目标机的名字进行修改，将其修改为"WandaBox"。

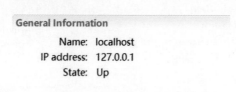

图 2-21　对目标机进行编辑

用户还可对仿真机的信息进行查看和确认，如图 2-22 所示，用户可查看到的信息包括仿真机版（Platform）、操作系统版本（OS Version）、目标机架构（Architecture）、自由硬盘空间［Free disk space（MB）］、CPU 计算速度［CPU speed（MHZ）］、CPU 核心数量（Number of CPU）。用户可设置仿真机的计算环境，包括是否采用多模型（Multi-model）计算，是否采用嵌入式（Embedded mode）计算等，用户还可对时间和日期的格式进行设置。如果用户需要采用多模型计算方式，则按照如图 2-23 所示的方式将 Enable multimodel support 前面的方框勾选上即可。

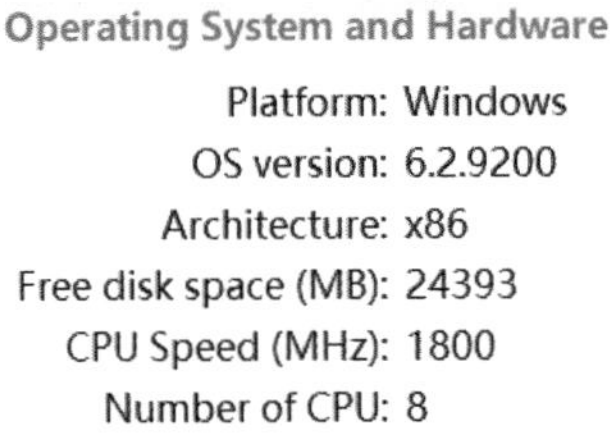

Operating System and Hardware
Platform: Windows
OS version: 6.2.9200
Architecture: x86
Free disk space (MB): 24393
CPU Speed (MHz): 1800
Number of CPU: 8

图 2-22　目标机基本信息查看

Utilities
This section provides some utilities to configure the simulations.
Enable multimodel support
Remove Embedded Mode
Date: 10/09/11 15:32
Sync. with host

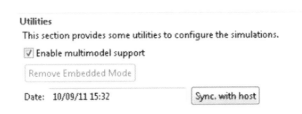

图 2-23　选择多模型计算

用户可在图 2-24 所示的界面对 RT-LAB 仿真机进行管理和操作，当用户用鼠标点击 Shutdown 时，其实际操作是用户在 RT-LAB 软件上关闭了目标

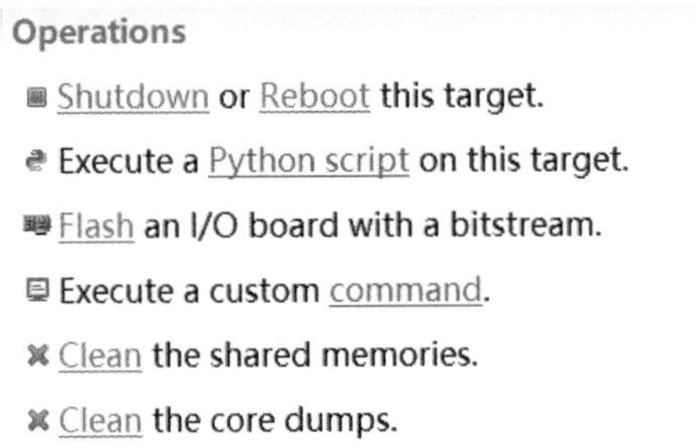

Operations
Shutdown or Reboot this target.
Execute a Python script on this target.
Flash an I/O board with a bitstream.
Execute a custom command.
Clean the shared memories.
Clean the core dumps.

图 2-24　目标机的操作界面

机，当用户用鼠标点击 Reboot 时，表示用户通过 RT-LAB 软件重启了目标机，用户可选择在目标机上执行一个 Python 脚本，也可对 I/O 板进行 Flash 操作，还可执行用户命令（command）。用户可清除（Clean）共享寄存器和核心。当调出目标机的工具界面后，用户可对目标机的 I/O 板信息进行显示，也可查看 RT-LAB 工程的完整诊断，还可以打开 Telnet 终端。图 2-25 为目标机的工具界面。

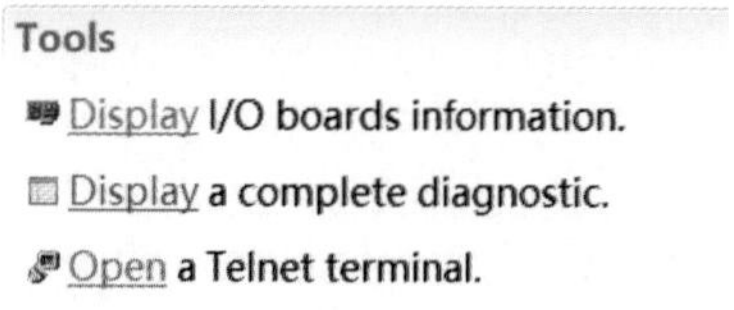

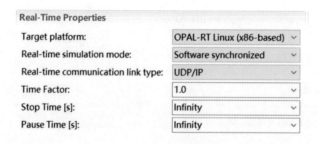

图 2-25　目标机的工具界面

2.1.5　设置仿真环境

鼠标放在 rtdemo1 上双击，弹出如图 2-26 所示的界面，可用来设置 RT-LAB 的实时仿真环境。

图 2-26　实时仿真环境设置

如图 2-27 所示，在实时仿真平台（Real-time platform）进行选择，在 Real-time platform 后面的信息栏中，可选择目标平台（Target platform）的种类包括 Windows、OPAL-RT Linux（x86-based）、OPAL-RT Linux（x64-based）、Petalinux（ARMv7--based）四种类型。如图 2-28 所示，用户还可对 RT-LAB 仿真机的实时仿真模式（Real-time simulation mode）进行选择，在 Real-time simulation mode 后面的信息栏中，用户可选择的实时仿真模式种类包括 Simulation、Simulation with low priority、Software synchronized 和 Hardware synchronized 四种。

如果选择 Simulation 模式，则表示 RT-LAB 工程在仿真模式下运行，没有将仿真的物理模型下载到仿真机中；如果用户选择 Simulation with low priority，则表示 RT-LAB 模型选择了低优先度的仿真模式；如果用户选择 Software synchronized，则表示 RT-LAB 模型运行在软件同步模式；如果用户选择 Hardware synchronized，则表示 RT-LAB 模型运行在硬件同步模式。通常用户采用 RT-AB 进行实时在环仿真测试是为了利用 RT-LAB 仿真平台的快速、在线计算优点，因此，往往将物理模型下载到 RT-LAB 平台的仿真机中，将实际控制器或控制器算法的代码下载到真实的控制器中，进而对控制器性能进行快速、高效的测试，因此，为了提高 RT-LAB 的仿真速度，推荐将实时仿真模式选择为 Hardware synchronized 模式。

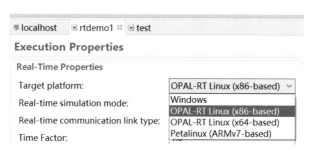

图 2-27　Target platform 选项

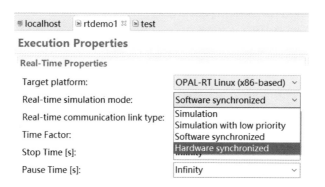

图 2-28　Real-time simulation mode 选项

如图 2-29 所示，用户可对实时仿真通信链接类型（Real-time communication link type）进行设置和选择，可选择的类型包括 UDP/IP、OHCI、Dolphin 三种。时间因子（Time Factor）只能设置为 1.0，此处不再对其进行赘述。停止时间（Stop Time［s］）和暂停时间（Pause Time［s］）均只能设置为无穷（Infinity）模式。

传输层最重要的协议就是 TCP 和 UDP。TCP 协议复杂，是面向连接的传输协议且传输可靠，而 UDP 协议简单，是面向无连接的传输协议，传输速度快但传输不可靠。可以将 UDP 协议看作 IP 协议暴露在传输层的一个接口。UDP 以数据报的方式进行数据传输，而且 UDP 协议提出了端口的概念。IP

协议进行的是 IP 地址到 IP 地址的传输。但是每台计算机有多个通信通道，并将多个通信通道分配给不同的进程，这样一个端口就代表一个通信通道。UDP 协议实现了端口到端口的数据传输服务，UDP 的数据报也是被封装成"应用层-UDP-IP"的形式进行传输的。UDP 数据包分为头部和数据两部分。UDP 是传输层的协议，这意味着 UDP 数据包需要经过 IP 协议的封装，然后通过 IP 协议传输到目的电脑。随后 UDP 数据包在目的电脑上进行拆封，并将信息送到对应的端口缓存中。开放式主机控制接口（open host controller interface，OHCI）协议，不仅仅是 USB 用的主控制器接口标准，细分为 USB、1394 或者其他，主要是遵循 CSR（configuration space register）标准。

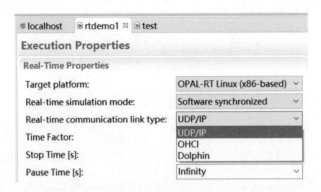

图 2-29　Real-time communication link type 选项

如图 2-30 所示，用户还可对性能偏好特性（Performance Properties）进行设置，例如，用户可对超期执行动作（Action to perform on overruns）进行选项，可选选项包括继续（Continue）、重置（Reset）和暂停（Pause）三种。

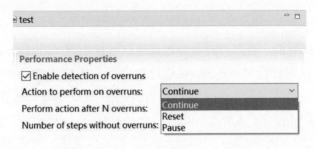

图 2-30　Action to perform on overruns 选项

2.1.6　编译模型

在对仿真环境进行设置完成以后，进一步的操作需要进行编译模型，编译模型的步骤有：①选择下位机平台；②模型分解；③生成 C 代码 Transferring the generated C code；④编译生成的 C 代码；⑤转移编译后的模型。

模型分解的过程中，每个上层子系统（SM_XXX，SS_XXX，SC_XXX）都会生成一个.mdl 文件。在生成 C 代码的过程中，RT-LAB 调用 MATLAB 中的代码生成器，并应用与各个单独模型中。在编译模型阶段，RT-LAB 主要完成下列三个过程：

（1）传输生成的 C 代码。通过 RT-LAB 内部程序（OpalD）传输 C 代码，包括所有需要的文件，包括代码生成器生成的文件。

（2）编译生成的代码。目标机编译器将编译的文件编译并链接到实时处理器。

（3）传输编译过的模型。执行文件被传输到主机电脑。

待编译模型完成后，进行分配子系统操作，子系统可在一台或多台目标集中运行，受限于 CPU 核数，子系统只能在配置的 CPU 核中进行选择。如图 2-31 所示，子系统 sm_conreoller 运行在 OPAL-TARGET_1 核心上，子系统 ss_plant 也运行在 OPAL-TARGET_1 核心上，即两个子系统 sm_conreoller 和 ss_plant 同时运行在同一个核心 OPAL-TARGET_1 核心上。2 核运行在同一台目标机中。

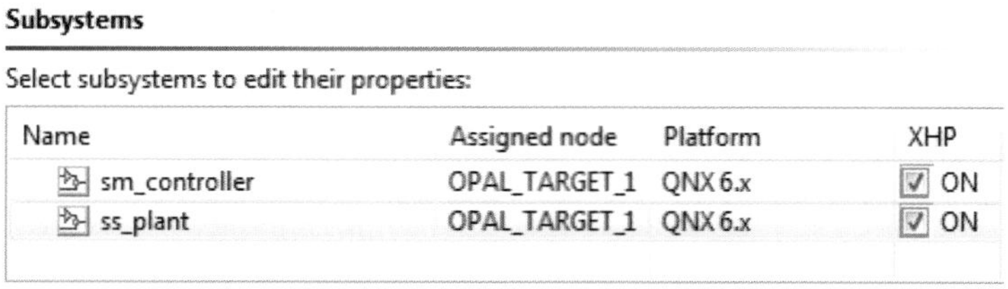

Subsystems

Select subsystems to edit their properties:

Name	Assigned node	Platform	XHP
sm_controller	OPAL_TARGET_1	QNX 6.x	☑ ON
ss_plant	OPAL_TARGET_1	QNX 6.x	☑ ON

图 2-31　两个子系统运行在一个 Platform 上

如果在图 2-31 所示的基础上，对子系统 ss_plant 的运行核心进行重新设置，让子系统 ss_plant 运行在 OPAL-TARGET_2 上，而 sm_conreoller 依然保持运行在 OPAL-TARGET_1 上（见图 2-32），此时，子系统 ss_plant 和子系统 sm_conreoller 分别运行于 OPAL-TARGET_2 和 OPAL-TARGET_1 上。每个目标机运行一个核，一个模型同时运行在两个目标机 OPAL-TARGET_2 和 OPAL-TARGET_1 上。

在诊断属性（Diagnostic Properties）中可以设置监控属性（Monitoring Properties），如果用户需要使能监控属性，则在 Enable monitoring 前面的方

框中进行勾选（见图 2-33），反之，如果用户不需要监控属性，则不需要对
Enable monitoring 前面的方框进行勾选。

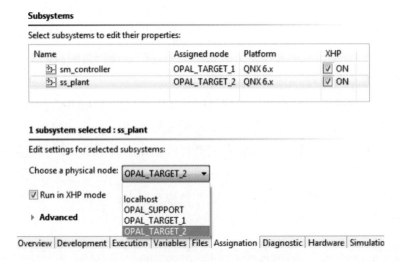

图 2-32　两个子系统运行在两个不同 Platform 上

当 Enable monitoring 被勾选后，显示监控（Display Monitoring）后面会
出现复选条，可选显示监控类型，如图 2-34 所示，可选显示监控的类型包括
不显示（Never）、暂停（At Pause）、重置（At Reset）、全选（Both）等几种。

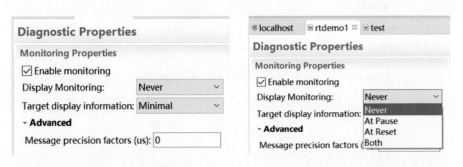

图 2-33　Diagnostic Properties 界面　　　　图 2-34　Display Monitoring 选项

当 Enable monitoring 被勾选后，目标显示信息（Target display information）
后面也会出现复选条，如图 2-35 所示，可选的目标显示信息的类型包括最小
化（Minimal）、适中（Moderate）、详细化（Detailed）和可执行（Exhaustive）
四个类型。

图 2-36 所示为调试属性（Debugging Properties）界面，包括超时延长使
能（Enable extended timeout）、看门狗使能（Enable watchdog）、调试中编译

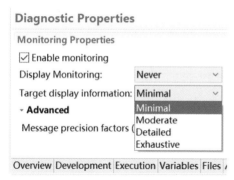

模型使能（Compile model in debug），看门狗超时（Watchdog timeout）的单位为 ms，默认值为 5000ms。

图 2-35　Target display information 选项　　图 2-36　Debugging Properties 设置界面

2.2　RT-LAB 的高级功能

RT-LAB 的高级功能包括模型监控、工作组设置、变量表格、参数保存/加载、探针及采样点控制、数据获取和动态信号获取等。

2.2.1　模型监控

OpMonitor 模块是 RT-LAB 平台中的一个监控模块，如图 2-37 所示，该模块允许获得模型的时间信息，OpMonitor 模块在模型库位置为 RT-LAB/Monitoring/OpMonitor。

如图 2-38 所示，OpMonitor 模块的输出信息包括：计算时间（Computation time）、实际步长（Real step time）、冗余时间（Idle time）、超时次数（Number of overruns）、用户时间（User time）。

OpMonitor 模块的输入信息包括重置超时。

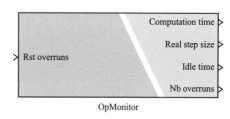

图 2-37　OpMonitor 模块

2.2.2　工作组设置

工作组设置包括定义每组项目的标签、进行管理项目并将工作区设置保存在工作区文件夹中。如图 2-39 所示，可以选择将已建工作组 Group1 和 Group2 中的 1 组选择为工作区并保存在工作区文件夹中。

图 2-38　OpMonitor 模块的参数

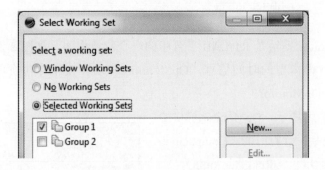

图 2-39　工作组设置

2.2.3　变量表格

如图 2-40 所示，在 RT-LAB 中调用变量表格，可以显示一个或多个模型参数、静态/动态采样值，在变量表格的使用上，可以在 RT-LAB 运行时改变参数表格的参数。用户可以拖拽信号，并将信号放到变量表格中，变量表格可以被存为工作区设置。

用户可以从变量观察器中选择需要监控的标量，如图 2-41 所示，具体操作为：用鼠标右键单击变量→选择 Show In→选择 Variable Viewer。

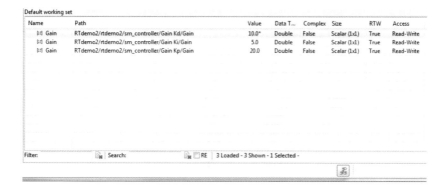

图 2-40　RT-LAB 的变量表格

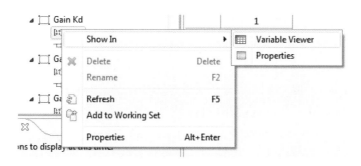

图 2-41　在变量表格中增加变量

2.2.4　参数保存/加载

用户可对 RT-LAB 的变量表格进行保存和加载，如图 2-42 所示，对需要保存的变量表格进行命名（File name）并进行注释（Comments）。如图 2-43 所示，用户可以在 RT-LAB 中加载需要的变量表格。

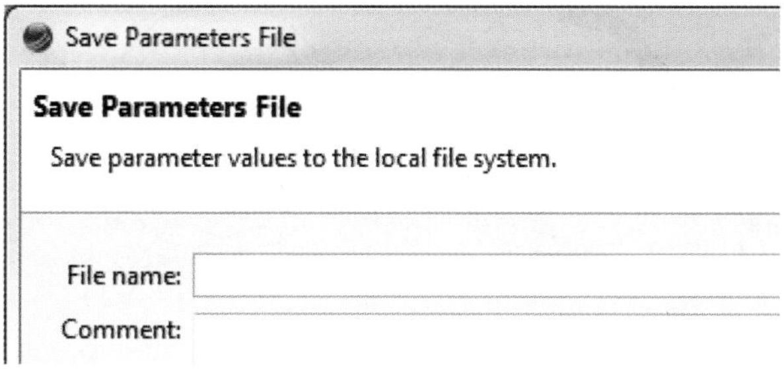

![Save Parameters File dialog]

Save Parameters File

Save Parameters File

Save parameter values to the local file system.

File name: _____

Comment: _____

图 2-42　变量表格的保存

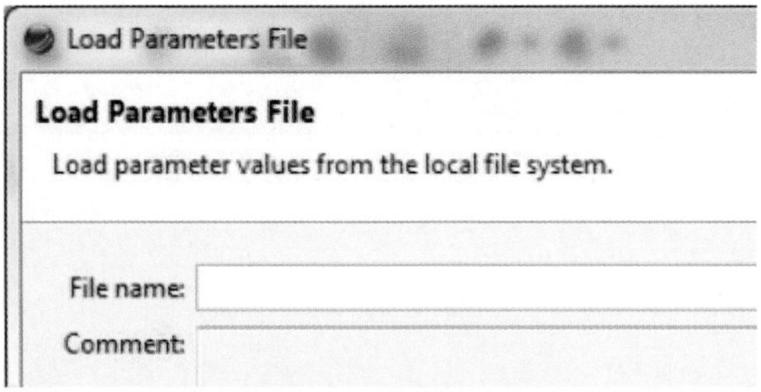

Load Parameters File

Load parameter values from the local file system.

File name:

Comment:

图 2-43　变量表格的加载

2.2.5　探针及采样点控制

采样工作的基本原理是：在运行的模型中，将在每个步长中获取的数值存入第一个寄存器中，如图 2-44（a）所示。当第一个寄存器装满时，告诉发送端进行发送，如果可能，第一个寄存器将会被输送到用户界面，如图 2-44（b）所示。同时，下一个寄存器进行工作。但是不会被发送端发送出去，如图 2-44（c）所示。发送端在后台运行，此时第一个寄存器已经被发送出去。等待着第二个寄存器存满，如图 2-44（d）所示。当第二个寄存器准备就绪后，告诉发送端发送，如果可能，发送到用户界面，如图 2-44（e）所示。同时，下一个寄存器准备存取数据，如图 2-44（f）所示，如此以往。

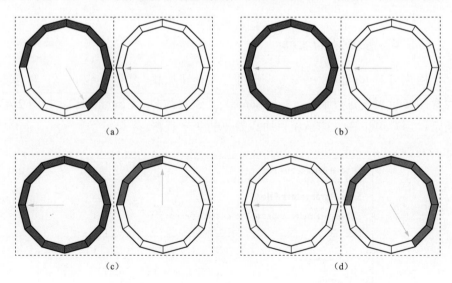

(a)　　　　　　　　　　　(b)

(c)　　　　　　　　　　　(d)

图 2-44　采样工作原理（一）

（a）8 次/步；（b）12 次/步/第 1 帧；（c）15 次/步；（d）20 次/步

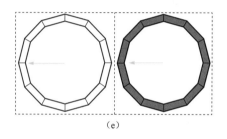
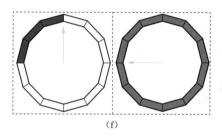

（e） （f）

图 2-44　采样工作原理（二）

（e）24 次/步/第 2 帧；（f）27 次/步

　　采样和传输参数仅仅影响用户界面，并不影响模型运行。当使用同步运行模式时，通信协调尤为重要。这些参数一起决定了传输到上位机的数据大小。如果数据太多，会显示崩溃信息"Too much and the display will be updated in visible bursts."，如果数据太少，会导致上位机过载并丢失数据。因此，需要折中的解决方案。

　　每个采样组别（Acquisition group）都有各自的采样和传输参数设定，一个 OpComm 模块（在用户界面中）等于一个采样组，在 OpComm 模块中（见图 2-45），用户需要设置的参数包括：采样所有使能（Sampling 下的 Apply to

图 2-45　探针控制设置

all）、采样因子（Acquisition and transmission parameters）、每个信号的采样数（Number of samples per signal）、延迟时间（Re-arming delay）、数据触发（Data acquisition triggering）、用户组（Console：blocks on group）。

采样因子（Decimation factor）决定了在计算节点期间多久去采集数据，并将它存入寄存器中。图 2-46 展示了采样因子对采样数据的影响，采样因子越小，采集的数据越真实，反之，采集的数据越不真实，越存在数据失真的可能。

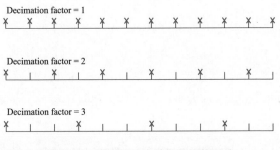

图 2-46　采样因子对采集数据的影响

采样数量（Number of Sampling，NS/s）决定了采样的频率，每秒的采样数量越高，信号的采样点越稀疏，数据处理的越少，寄存器的存储能力越高。每个信号的采样个数决定了寄存器存储多少数据之后在发送到上位机中。图 2-47 为采样数量对采集数据的影响。

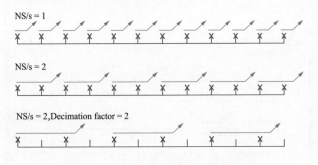

图 2-47　采样数量对采集数据的影响

时长是另一种选取会被一起发送的采样点数的方式。不同于特定的采样数目，时长决定了微秒级的视窗尺寸，其通用公式为

$$Duration = Decimation \times NS \times T_s \qquad (2\text{-}1)$$

式中：$Duration$ 为时长；$Decimation$ 为采样因子；NS 为采样数；T_s 为采样时间。

2.2.6 采样点丢包

数据丢包的原因可能是:

(1)一个寄存器存满并准备被发送,但发送端并未运行,而第一个寄存器仍在等待被发送。此时,第二个寄存器正在准备中。

(2)第二个寄存器也已经准备好了,然而由于某些原因,发送端仍然滞后,数据因此被丢包。

(3)当第一个寄存器等待被发送,第二个寄存器的数据将被覆盖。

(4)第一个寄存器被发送后,第一个寄存器继续采集数据,总之,数据还是被丢失了。第二个寄存器仍旧等待着被发送,然而,当第二个寄存器发送后,进入了周而复始的丢包的状态。

RT-LAB 只会发送存满的寄存器。数据丢包被看成接收框架的跳跃。为了减小数据丢包,根据具体的原因,用户可以选择以下措施。

(1)如果是因为主机繁忙导致数据丢包,用户可采用的措施包括:①增加仿真步长;②增加系统的处理器能量;③选择大数据寄存器。

(2)如果是因为网络宽带溢出导致的数据丢包,用户可采用的措施包括:①使用较大的采样因子或寄存器;②采用更快的网络,永远是最直接的方式(如果可能的话);③更改 OpWriteFile,后续将会讲到。

如果是因为控制台 CPU 繁忙导致的数据丢包,用户可采用的措施包括:①使用较大的寄存器;②更快的处理器;③更快的用户界面。

RT-LAB 有很多方法解决数据丢包的问题。为了保证 Simulink 时钟尽可能地同步,应与 RT-LAB 应用一个同步算法,将虚假的数据填充到丢失的时间段里,并且丢包将会少于阈值时间,或者 RT-LAB 可以在丢包前后数据间插入平滑的曲线以避免或消除丢包的问题。不管同步或插入曲线,通过检查 console 界面中的 OpComm 模块,用户总能从实时模型中得到仿真的确切时间,如图 2-48 所示,在 OpComm 模块中增加一个输出为 time 的值,可轻松得到仿真的确切时间。

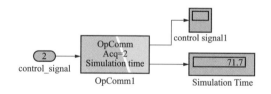

图 2-48　OpComm 模块查看仿真时间

2.2.7 数据获取

RT-LAB 允许采样可以直接被录入到文件中，而不是通过网络传送到控制台。但是，上述两种方法的潜在的原理是一样的，其实现方式有两种：①通过 console 的采样组重新加载到文件中；②定义专用的采样组，仅仅只能录波用。

通过 console 的采样组重新加载到文件中时，文件会在每个计算节点上被创建。这个文件将会记录所有从分配的子系统发送到此采样组的信号。如果有 N 个信号被记录，.mat 文件将会有 N+1 行。第一行永远都是仿真时间，其他行则是 N 个信号，顺序同进入 Opcomm 模块的顺序一致。如图 2-49 所示，Myfile 为文件名称，Gr1 为采样组序号，controller 为子系统名称，1 表示系统索引。

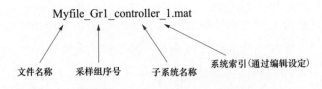

图 2-49 .mat 文件的命名规则

图 2-50 OpWriteFile
模块

图 2-50 所示的 OpWriteFile 模块，存在于 Simulink 模型库中，允许录波，包含相同的采样参数。可以记录多信号并存入 .mat 文件。可以利用 Mux 模块进行向量采集。

在一个模型中，用户最多可以使用 5 个 OpWriteFile 模块，每个模块都需要一个单独的文件名，由用户定制。多个 OpWriteFile 模块数据结构完全一样：首行为时间，其余为信号，跟进入模块的顺序一致。OpWriteFile 模块可以离线记录数据，通过设定 "Write to Simulink mode" 选项。表 2-1 给出了采样组录播和模块录播的对比。

RT-LAB 的默认设置为连续获取采样组的采集信号。图 2-51 所示的 OpTrigger 模块允许条件触发。当被触发，一个采样组将会接收一个寄存器并等待另一次触发。OpTrigger 模块可以触发任何采样信号，不光可以触发 SC 中的 Opcomm 模块，还可触发 OpWriteFile 模块。至此，所有的信号都可以在控制台进行可视化，将计算子系统（SM/SS）引导至控制台中。RT-LAB同样允许在模型运行中动态的获取选择的信号进行可视化，即实现动态信号获取。为了得到动态信号并显示在控制台界面，必须确保模块在一个或多个采样组中。在用户选择的采样组中，如图 2-52 所示，在对 OpComm 模块的参数进行设置时，仅需点选"Dynamic signals output"。

图 2-51　OpTrigger 模块

表 2-1 　　　　　　　　　　　采样组录播与模块录播的对比

采样组录播	模块录播
（1）运行时简单方便； （2）受限制于采样组； （3）不需要在编译； （4）只能记录采样信号； （5）锁定 TCP/IP 数据包的采样； （6）不同的子系统的数据将会存为不同的.mat 文件中	（1）可以记录模型中的任何数据； （2）sc_console 关闭仍可运行； （3）不锁定 TCP/IP 数据包的采样； （4）需要编译； （5）只有 5 个采样组（但是没有文件大小限制）

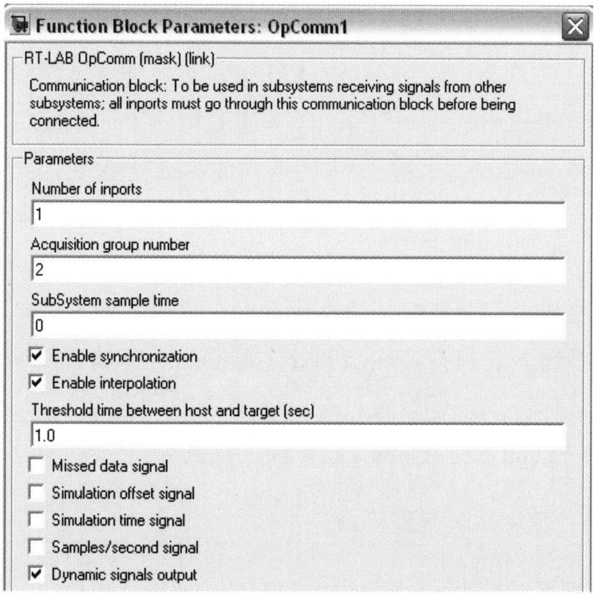

图 2-52　OpComm 模块的参数设置界面

这将会为此模块增加额外的输出。在默认的情况下，Simulink 会优化代码生成器生成的代码。这个优化可能导致一些模块的输出不允许被选择。为了解决此问题，需要告知 Simulink 不要优化信号结构的输出。这可以通过设置 Simulink 高级设置中的"Signal Storage Reuse"来解决。在进行数据获取时，可以从探针控制界面引出动态信号对话框。而在加载数据之前，需要设定想要操控的动态信号的最大数量。这在加载数据前是必须要设置的，因为需要确定采样寄存器的空间。带数据加载成功后，需要从列表中选择想要观测的信号，信号名称和原模型的名称必须一致，且要确保使用明确的数据名，方便识别。

2.3   RT-LABI/O 配置

2.3.1   I/O 模块术语

在图 2-53 所示的数字输出（DigitalOut）模块中，Slot 表示 I/O 的组，Slot 2 表示 I/O 的第 2 组，Module 表示 I/O 的单元，每个 I/O 模块有两个单元，分为 A 单元和 B 单元，Module B 表示 B 单元 I/O 端口，8 路信号组成一个单元，每单元 2 组模块，第一单元从 0 通道到 7 通道，第二单元从 8 通道到第 15 通道，每单元有 4 组模块，即 0 通道至 7 通道构成第一个模块，8 通道到 15 通道构成第 2 个模块，第 16 通道至 23 通道构成第 3 个模块，第 24 通道至 31 通道构成第 4 个模块。

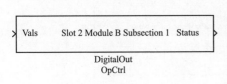

图 2-53   DigitalOut 模块

在一个完整的 RT-LAB 在环仿真模型中，如图 2-53 所示，必须配置模拟量输入、数字量输入、模拟量输出和数字量输出 I/O 端口，端口的个数应根据用户模型的具体需求进行配置。图 2-54 所示的所有 I/O 端口配置模块均可在 RT-LAB I/O→Opal-RT→Common 路径下找到。

2.3.2   FPGA I/O 管理模块

OpCtrl 模块是一种 FPGA I/O 管理模块，OpCtrl 模块可解决同步问题，可对内部参数进行设定。针对每一块实际 FPGA 板卡，OpCtrl 模块必须嵌入到模型中。如图 2-55（a）所示，OpCtrl 模块可以被设置为 Slave 模式，板卡型号为 ML605，板卡索引号为 1。如图 2-55（b）所示，OpCtrl 模块被设置为 Master 模式，板卡型号为 OP5142，索引号为 0。

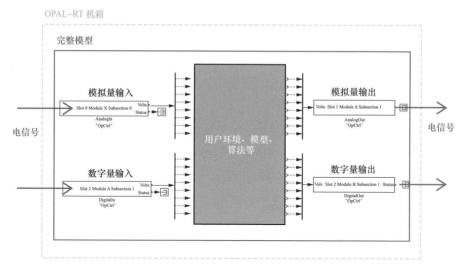

图 2-54　RT-LAB 在环仿真模型的 I/O 配置结构图

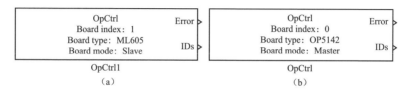

图 2-55　OpCtrl 模块

（a）设置为 Slave 模式；（b）设置为 Master 模式

　　OpCtrl 模块内部参数如图 2-56 所示，在 Controller Name 框中可定义模块名称，在 Board ID 框内根据 Get I/O infos 命令获取板卡的 ID，系统交互文档中可选择匹配的 BIN 文件，默认设定为"Master"模式，如果另一块 FPGA板卡已设定为 Master，将当前板卡设定为"Slave"模式，在 Board Type 框中选择正确的 FPGA 板卡型号。

　　在 RT-LAB 中，用鼠标右键点击 TARGET，选取 Tools→Get I/O Infos 即可索引板卡，如图 2-57 所示。也可在控制台窗口，寻找到 Board Index 的值，如图 2-58 所示。

　　模拟输入模块（AnalogIn）的命名方式与 IO 管理模块（OpCtr 模块）命名操作一样，如图 2-59 所示，在 Controller Name 框中输入模块的名字，根据 CONF文件对 I/O 端口进行匹配，选择当前模块通道数量（＝demux block 数量）。模拟输出模块（AnalogOut）的命名方式与 IO 管理模块（OpCtr 模块）命名操作也是一样的，如图 2-60 所示，在 Controller Name 框中输入模块的名字，根据 CONF文件对 I/O 端口进行匹配，选择当前模块通道数量（＝demux block 数量）。

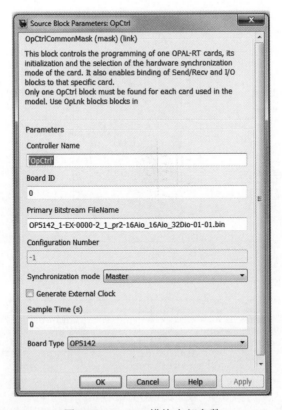

图 2-56　OpCtrl 模块内部参数

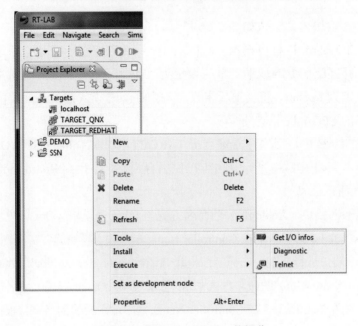

图 2-57　获取 Board Index 的操作

```
--- OP5142 cards enumeration ---

PCIe detection of OP5142 cards:

OP5142 board found (VendorID=0x10b5, DeviceID=0x9056)
        PCI Index:     0
        IRQ Number:    10
        Board index:   0
        Card type:     OP5142_1
        Bus type:      EX
        Minor ID:      0001
        Revision ID:   0001

OP5142 boards search done.
```

图 2-58　控制台获取 Board Index

图 2-59　AnalogIn 模块配置

OPAL-RT 提供 3 种不同的数字量输入/输出，包括：静态数字量 IOs（DIO）、PWMIOs、带时间戳 IOs（TSDIO）。

静态数字量 IOs、PWMIOs 和带时间戳 IOs 的设置均可在同一个硬件电路板上使用。静态数字量 IOs 在 Simulink 模型库中名称为 Digital In（DI）、Digital Out（DO）。

PWMIOs 在 Simulink 模型库中名称为 PWM In（DI）、PWM Out（DO）。带时间戳 IOs（TSDIO）在 Simulink 模型库中名称为 EventDetector（DI）、

EventGenerator（DO）。Event Detector（DI）和 Event Generator（DO）模块表征了在一个仿真步长内逻辑状态量的变化趋势，主要用于高频率 PWM 的生成，"Number of events"表征在一个步长内的逻辑状态量（最大值可设为255）。RT-EVENTS 模型库可以有效的管理状态矢量和时间矢量。

图 2-60   AnalogOut 模块配置

3

风机控制器的 RT-LAB 建模与案例分析

风力发电自 20 世纪 80 年代开始快速发展，涌现出许多形式的风力发电技术。最先商用化的风电机组是基于普通异步发电机的定速异步风电机（fixed speed induction generator，FSIG）机组，近年来随着电力电子变流器及其控制技术的快速发展，基于 PMSG 和 DFIG 的变速恒频风电机组已经取代 FSIG 这类定速恒频风电机组。这两种风电机组的单机容量远大于 FSIG 机组，且具备了最大功率跟踪、有功无功解耦控制等特性，目前已经成为风电场中的主流机型，所以本章重点研究这两种风力发电机组。

深入探讨和研究风机发电技术具有非常重要的意义，而风电机组的仿真建模和控制又是风力发电技术中非常重要的问题之一。相比于其他实时仿真实验平台，RT-LAB 半实物仿真平台可以实现与 MATLAB/Simulink 完全兼容，可以直接将利用 MATLAB/Simulink 建立的动态系统数学模型应用于实时仿真、控制、测试的各个环节。在实时仿真情况下，在 RT-LAB 仿真平台上运行的风机模型与外部物理控制器通过输入输出板卡进行数据交互，构成风机控制器的硬件在环（hardware in the loop，HIL），对于加快风机控制策略向实际应用转变，推动风机控制器的多工况测试，都具有重要的意义。

3.1 风力发电系统的类型和结构

目前，兆瓦级的风电机组均采用变速恒频技术，主要有 PMSG 和 DFIG 两种机型。本节将依次介绍这两种风电机组的结构和原理。

3.1.1 直驱永磁同步风机的结构

近年来，风力发电技术取得了显著的进步，并逐渐成为新能源应用技术中的一个重要分支，不少研究人员对直驱永磁同步风机（permanent magnet synchronous generator，PMSG）在永磁同步风力发电机的数学模型、永磁同步风力发电机模拟器、永磁同步风力发电机的控制策略及其控制性能、永磁同步风力发电机参数辨识等方面进行了深入研究，并获得了一些具有创新意义的科研成果。其基本结构如图 3-1 所示，由风力机、轴系结构、永磁同步发电机、变流器和控制系统五部分组成。

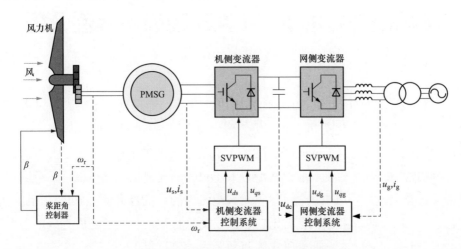

图 3-1　直驱永磁同步风机原理结构图

全功率变流器将发电机与电网完全隔离，具有较强的电网适应能力和可控性。PMSG 有三个主要的特点：①没有增速齿轮箱，风力机的轴直接连接 PMSG 的转子，这样降低了机械部分的损耗和噪声，同时也降低了维护成本，但由于转速低，PMSG 转子的极对数远多于普通同步机，其径向尺寸很大而轴向长度很短，外形类似一个圆盘；②PMSG 转子由永磁材料做成，不需要进行励磁控制，但对永磁材料的稳定性要求较高；③PMSG 的定子经全功率变流器并网，变流器容量通常要达到发电机额定功率的 120%，成本较高。

如图 3-1 所示，对于采用全功率变流器的 PMSG 机组，主要控制器包括桨距角控制器、机侧变流器控制系统和网侧变流器控制系统。

（1）桨距角控制器的功能是在风速超过额定风速时，通过调节桨距角来减少风力机的功率输入，从而将 PMSG 的输出保持在额定功率。该控制器的输入信号是机组输出的有功功率或机组的转速，图 3-1 中画出的输入信号是机组的转速 ω_r，其输出信号是桨距角的目标值 β，变桨机构将根据这一目标值来调节风机叶片与风轮平面的夹角。

（2）由于 PMSG 不需要进行励磁控制，机侧变流器控制系统的功能主要是实现最大功率点跟踪，将 PMSG 发出的频率和幅值均变化的交流电整流成直流电，控制与 PMSG 间的无功交换。该控制器的输入信号包括 PMSG 输出的电压 u_s、电流 i_s、转子转速 ω_r，输出信号为机侧变流器电压 d、q 轴目标值 u_{ds}、u_{qs}，SVPWM 模块根据该输出信号控制变流器输出所需的电压波形。

（3）网侧变流器控制系统通过电网电压定向的矢量控制实现有功无功的解耦控制。有功功率控制主要考虑维持直流电压的恒定，而无功功率控制可以考虑维持机端电压恒定或实现单位功率因数输出。该控制系统的输入信号包括网侧电压 u_g、电流 i_g、直流侧电容电压 u_{dc} 等，输出信号是网侧变流器输出电压 d、q 轴目标值 u_{dg}、u_{qg}，该输出信号同样送入 SVPWM 模块以控制变流器输出所需的电压波形。

3.1.2 双馈异步风机的结构

双馈感应发电机（doubly fed induction generator，DFIG）所需的变流器容量小，可实现有功功率、无功功率独立调节，是风力发电的主流机型。其结构如图 3-2 所示，它由风力机、齿轮箱、感应异步发电机、"背靠背" 变流器及各种控制器组成。双馈风机的 "背靠背" 变流器的功率一般为发电机额定功率的 20%～30%。DFIG 属于异步发电机，其定子绕组直接接入电网，转子为绕线式三相对称绕组，经 "背靠背" 变流器与电网相连，能够给 DFIG 提供交流励磁。

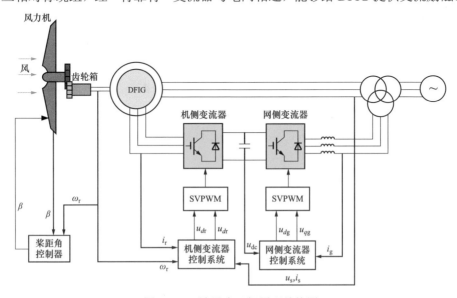

图 3-2　双馈异步风机原理结构图

当 DFIG 的转子以滑差 s 旋转时，转子绕组中将施以滑差频率为 sf（f 为电网频率）的交流励磁，则转子电流产生的旋转磁场相对于转子以转差（同步转速与转子转速之差）速度旋转，相对于定子以同步速度旋转。这与采用直流励磁的同步发电机转子以同步转速旋转时，在气隙中形成一个同步旋转磁场是等效的。由于交流励磁的可调节量包括频率、幅值和相位，所以控制灵活性明显优于只能调节幅值的直流励磁，除了便于调速（调节范围可以达到同步转速的 ±30%），还能够实现有功功率和无功功率的解耦控制。

图 3-2 中给出了 DIFG 的三个主要控制系统：桨距角控制系统、"背靠背"变流器中的机侧变流器控制系统和网侧变流器控制系统。

（1）桨距角控制系统的功能、输入输出信号和 PMSG 相同，可参考前面关于 PMSG 的桨距角控制系统的描述。

（2）转子侧控制系统采用定子磁场定向的矢量控制实现有功功率、无功功率的解耦控制，有功功率控制主要实现最大功率跟踪控制，无功功率控制可以采取维持 DFIG 机端电压恒定或实现恒定功率因数输出（通常设定为单位功率因数）的策略。该控制系统的输入信号包括 DFIG 机组定子侧的电压 u_s、电流 i_s、转子电流 i_r、转子转速 ω_r 等，输出信号是转子侧励磁电压 d、q 轴目标值 u_{dr}、u_{qr}，空间矢量脉宽调制（space vector pulse width modulation，SVPWM）模块根据该输出信号生成六路 PWM 波形，分别控制转子侧变流器的 IGBT 开关器件开通与关断，从而控制变流器输出所需的电压波形。

（3）网侧控制系统的功能包括维持直流侧电容电压的恒定、控制变流器输出的无功功率。该控制系统的输入信号包括网侧变流器输出电流 i_g、直流侧电容电压 u_{dc} 等，输出信号是网侧变流器输出电压 d、q 轴目标值 u_{dg}、u_{qg}，该输出信号同样送入 SVPWM 模块以控制变流器输出所需的电压波形。

3.2　风电机组的数学模型

3.2.1　风速模型

风是一种不稳定、易变的能源，风电场大规模接入必然会对电力系统产生与常规能源不同的可靠性影响。因此，研究风电场对电力系统可靠性影响，对含风能的电力系统规划具有重要的理论指导意义和实际应用价值。当前，我国风电正向着大规模、高集中的方向发展。风电场数量的增加及容量的增大，迫切需要更加准确的风电场可靠性模型。目前，风速模型主要包括基本风V_{wb}、阵风V_{wg}、渐变风V_{wc}和随机风V_{wr}四种基础风速模型。

（1）基本风。基本风风速代表平均风速，地理位置的选取对风电机组输入的基本风风速影响很大。基本风风速的大小绝对重要，风电场内风机向电网系统输送功率的大小取决于基本风的大小。基本风风速的确定，可以通过估计统计方法，得到其威布尔分布参数，近似确定基本风风速的大小，即

$$V_{wb} = A \times \Gamma\left(1 + \frac{1}{K}\right) \tag{3-1}$$

式中：V_{wb}为基本风风速；A和K分别为威布尔分布的尺度参数和形状参数；Γ为伽马函数。

（2）阵风。阵风的过程意味着风速突变，在四种风速中阵风对电网稳定性影响最大，在自然风速仿真时，加入阵风会使风电机组输出电压产生较大的变动。因为阵风的突变性，在对风电场动态性能分析时，一般会加入阵风扰动，其数学模型为

$$V_{wg} = \begin{cases} 0, & t < T_{1G} \\ V_s, & T_{1G} \leqslant t \leqslant T_{1G} + T_G \\ 0, & t > T_{1G} + T_G \end{cases} \tag{3-2}$$

$$V_s = \left(\frac{V_{wg\,max}}{2}\right)\left\{1 - \cos\left[2\pi\left(\frac{t}{T_G}\right) - \left(\frac{T_{1G}}{T_G}\right)\right]\right\} \tag{3-3}$$

式中：V_{wg}为阵风风速；T_{1G}和T_G分别为阵风的开始时间和持续时间；$V_{wg\,max}$为阵风风速的最大值。

（3）渐变风。渐变风用来表示风速的一个逐渐变化过程，风速在逐渐上升过程中，可近似看作是加入了渐变风的过程，渐变风持续时间内，具有线性变化趋势，其数学模型为

$$V_{wc} = \begin{cases} 0, & 0 < t < T_{1R} \\ V_{ra}, & T_{1R} \leqslant t \leqslant T_{2R} \\ V_{wc\,max}, & T_{1R} < t < T_{2R} \\ 0, & t \geqslant T_{2R} + T_R \end{cases} \tag{3-4}$$

$$V_{ra} = V_{wc\,max}\left[\frac{1 - (t - T_{2R})}{T_{1R} - T_{2R}}\right] \tag{3-5}$$

式中：V_{wc}为渐变风风速；T_{1R}、T_{2R}和T_R分别为渐变风的开始时间、终止时间和持续时间；$V_{wc\,max}$为渐变风风速的最大值。

（4）随机风。随机风显示的是一个风速无时无刻不在变化的历程。随机风的中值大小反映平均风速大小，在平均风速基础上随机加入风速量，表述一个风速无规则变化历程，其数学模型为

$$V_{\mathrm{wr}} = 2\sum_{i=1}^{N}[S_{\mathrm{V}}(\omega_i)\Delta\omega]^{\frac{1}{2}}\cos(\omega_i+\varphi_i) \qquad （3\text{-}6）$$

$$\begin{cases} \omega_i = \left(i-\dfrac{1}{2}\right)\times\Delta\omega \\[3mm] S_{\mathrm{V}}(\omega_i) = \dfrac{2K_N F^2\,|\,\omega_i\,|}{\pi^2[1+(F\omega_i\,/\,\mu\pi)^2]^{4/3}} \end{cases} \qquad （3\text{-}7）$$

式中：φ_i 为 0～2π 之间均匀分布的随机变量；$\Delta\omega$ 为随机变量的离散间距；K_N 为地表粗糙系数；F 为扰动范围；μ 为相对高度的平均风速；N 为频谱采样点数；ω_i 为各个频率段的频率。

风电机组的输入风速可以近似表示为四分量风速之和，近似计算出当前风电机组的实际输入风速，即

$$v = V_{\mathrm{wb}} + V_{\mathrm{wg}} + V_{\mathrm{wc}} + V_{\mathrm{wr}} \qquad （3\text{-}8）$$

此外，当测风仪的高度与风力机的高度不一致时，还需要对风速进行修正。设风力机高度为 H，其输入风速为 v，其与高度为 H_0 处的测风仪测得的风速 v_0 的关系为

$$v = v_0\left(\frac{H}{H_0}\right)^{\alpha} \qquad （3\text{-}9）$$

式中：α 为风速的高度修正系数。

3.2.2　风力机数学模型

风力机是将风的动能转换为另一种形式动能的旋转机械，其核心部件是风轮，而风轮又由叶片和轮毂组成。当风以一定的速度吹向风力机时，在风轮上产生的力矩驱动风轮转动，从而将风的动能变成风轮旋转的动能，两者都属于机械能。风力机捕获的机械功率 P_{m} 可以表示为

$$P_{\mathrm{m}} = \frac{1}{2}\rho\pi R^2 C_{\mathrm{p}}(\lambda,\beta)v^3 \qquad （3\text{-}10）$$

式中：ρ 为空气密度；R 为风轮叶片的长度；πR^2 为风轮叶片的扫风面积；$C_{\mathrm{p}}(\lambda,\beta)$ 为风能利用系数；λ 为叶尖速比；β 为风力机叶片的桨距角度数；v 为风力机承受的输入风速。

在风速给定的情况下，风力机捕获的风功率主要取决于风能利用系数$C_p(\lambda, \beta)$，它表示在单位时间内风轮所吸收的风功率与通过风轮旋转面的全部风能之比，C_p一般采用经验公式计算，目前广泛使用的8独立参数变桨距风力机模型为

$$C_p = \left(\frac{c_1}{\Lambda} - c_2\beta - c_3\beta^{c_4} - c_5 \right) e^{-\frac{c_6}{\Lambda}} \tag{3-11}$$

$$\frac{1}{\Lambda} = \frac{1}{\lambda + c_7\beta} - \frac{c_8}{\beta^3 + 1} \tag{3-12}$$

参数$c_1 \sim c_8$的常用取值为：$c_1 = 110.23$，$c_2 = 0.4234$，$c_3 = 0.00146$，$c_4 = 2.14$，$c_5 = 9.636$，$c_6 = 18.4$，$c_7 = -0.02$，$c_8 = -0.003$。

叶尖速比λ是风轮叶片的叶尖速率与风速之比，可以表示为

$$\lambda = \frac{\omega_r R}{v} \tag{3-13}$$

式中：ω_r是风力机旋转的角速度。

根据贝兹极限理论，风能利用系数的理论最大值为 0.593，而实际使用的三叶片风力机的风能利用系数最大值为 0.48 左右。

从式（3-10）～式（3-13）可以看到，在桨距角不变的情况下，风能利用系数的大小和风力机的转速有关。不同风速下风力机转速与输出机械功率之间的关系如图 3-3 所示，图中各曲线对应的桨距角 $\beta = 0$。可以看到，在某一风速下，存在一个最优转速使得风力机输出的机械功率最大，此时的风能利用系数 C_p 达到最大值。

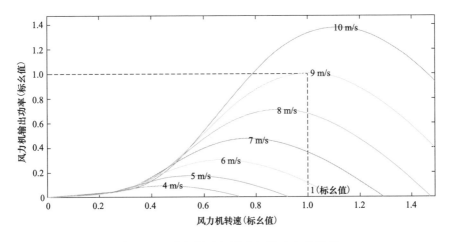

图 3-3　风力机转速与输出机械功率的关系

风电机组的最大功率点跟踪（maximum power point tracking，MPPT）就是指在不同的输入风速下，通过控制风力发电机的转速，使得风力机的风能利用系数始终保持在最大值，即从风中吸收的风功率始终保持最大。若连接图 3-3 中各条转速—机械功率曲线的顶点，可以得到一条最优的转速—机械功率曲线。可见为了实现 MPPT，风力发电机的转速必须能够在很大的范围内进行调节，因此能够变速运行的风电机组比定速运行的机组具有更高的效率。

图 3-4 给出了 DFIG 机组中一种较为常见的风力机功率特性曲线（图中的红色线段 ABCDE），这条曲线是 DFIG 机组有功功率控制的依据，控制器依据实测转速在该曲线上查询对应的功率值，作为有功功率控制的参考值。当转速低于 0.7（标幺值，风速低于 5m/s）时，DFIG 机组的有功功率参考值为零，即不发出功率，如图中 A 点左侧横线；图中 B 点对应转速为 0.71（标幺值），AB 段是一条直线，DFIG 机组的输出功率随转速线性升高；BC 段是一条三次曲线，连接了各条转速—机械功率曲线的顶点，在 BC 段上 DFIG 机组具有 MPPT 特性；C 点对应转速为 1.2（标幺值），是设定的具备 MPPT 特性的最大转速点，D 点对应转速为 1.21（标幺值）且对应 DFIG 输出功率达到额定值，CD 段是一条直线，DFIG 机组的输出功率随风速线性增大，但不具备 MPPT 特性；当 DFIG 输出功率达到额定值后，DFIG 机组在桨距角控制的作用下进入功率恒定段，即图中 DE 段，在该段内转速随风速上升，但 DFIG 机组的输出功率不变。

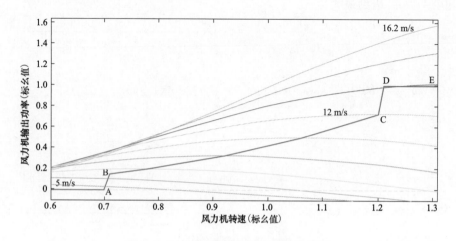

图 3-4 DFIG 机组风力机功率特性曲线

3.2.3　传动系统模型

　　DFIG 机组的传动系统主要包括连接风力机的低速传动轴、增速齿轮箱和连接发电机转子的高速传动轴。与风力机和发电机相比，增速齿轮箱的惯性很小，所以可将齿轮箱的惯性忽略或计入发电机转子的惯性，这样可以得到表示传动装置的两质块模型，该模型的主要意图是描述传动系统的柔性及扭振特性，两质块模型的结构如图 3-5 所示。

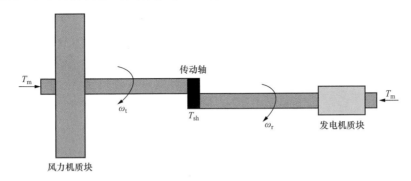

图 3-5　风电机组轴系两质块模型示意图

　　该传动系统的动态可以描述为

$$T_\text{t} \frac{\mathrm{d}\omega_t}{\mathrm{d}t} = T_\text{m} - T_\text{sh} \tag{3-14}$$

$$T_\text{g} \frac{\mathrm{d}\omega_\text{r}}{\mathrm{d}t} = T_\text{sh} - T_\text{e} \tag{3-15}$$

$$T_\text{sh} = K_\text{sh}\theta_\text{tw} + D_\text{sh}\frac{\mathrm{d}\theta_\text{tw}}{\mathrm{d}t} \tag{3-16}$$

$$\frac{\mathrm{d}\theta_\text{tw}}{\mathrm{d}t} = \omega_t - \omega_\text{r} = \omega_t - (1-s)\omega_\text{s} \tag{3-17}$$

$$s = (\omega_\text{s} - \omega_\text{r})/\omega_\text{s}$$

式中：T_t 和 T_g 分别为风力机和发电机的惯性时间常数；T_m 为风力机的输入机械转矩；T_e 为发电机的电磁转矩；T_sh 为传动轴上的机械转矩；ω_t 为风力机折算到变速箱高速侧的转速；ω_r 为发电机转子的转速；ω_s 为发电机的同步速；s 为发电机转子的滑差；K_sh 为风机传动轴的强度系数；θ_tw 为传动轴的扭曲角；D_sh 为阻尼系数。

　　将式（3-16）和式（3-17）代入式（3-14）和式（3-15），该两质块系统的动态模型可以写成

$$\begin{cases} T_t \dfrac{\mathrm{d}\omega_t}{\mathrm{d}t} = T_m - [K_{sh}\theta_{tw} + D_{sh}(\omega_t - \omega_r)], T_m = P_m/\omega_t \\[2mm] T_g \dfrac{\mathrm{d}\omega_r}{\mathrm{d}t} = [K_{sh}\theta_{tw} + D_{sh}(\omega_t - \omega_r)] - T_e, T_e = P_{em}/\omega_s \\[2mm] \dfrac{\mathrm{d}\theta_{tw}}{\mathrm{d}t} = \omega_t - \omega_r \end{cases} \quad (3\text{-}18)$$

式中：P_m 为机械功率，如式（3-10）所示；P_{em} 为转子通过间隙传递给定子的电磁功率。

对于 PMSG 机组，其风力机轴直接与同步发电机的转子轴相连，中间没有增速齿轮，因此可以将传动系统与发电机看成一个刚体。这样，风力机的模型可以简化为单质块模型，也称为集总质量模型，可表示为

$$T_J \frac{\mathrm{d}\omega_t}{\mathrm{d}t} = T_m - T_e \quad (3\text{-}19)$$

式中：T_J 为风力机和发电机总的惯性时间常数。在有些文献中，惯性时间常数经常采用 H 表示，则有 $T_J = 2H_J$，$T_t = 2H_t$，$T_g = 2H_g$（H_J 为风力机和发电机总的惯性时间常数；H_t 为风力机惯性时间常数；H_g 为发电机惯性时间常数）。

对于 DFIG 发电机组，在并网仿真计算中也可以采用单质块模型。当实际轴系的刚度系数 $K_{sh} \geqslant 3.0$（标幺值）时，就可以使用单质块模型。这时忽略轴系内部的差异，认为 $\omega_t = \omega_r$，代入式（3-18）前面两个式子并且相加，即可获得与式（3-19）相同的单质块模型，其中 $T_J = T_t + T_g$。

3.2.4 "背靠背"变流器模型

考虑到"背靠背"变流器工作性能依旧存在高频谐波电流和负载功率变化时直流电压动态响应不足等问题，不少研究人员对"背靠背"变流器的模型以及控制策略方面进行了研究，基于 PWM 的"背靠背"变流器的结构如图 3-6 所示，主要是由直流电容、机侧变流器和网侧变流器等组成。对于直流电容，由图 3-6 可知，经过电容的电流为

$$i_{DC} = C \frac{\mathrm{d}u_{DC}}{\mathrm{d}t} = i_r - i_g \quad (3\text{-}20)$$

网侧变流器的有功功率为

$$P_g = u_{DC} i_g \quad (3\text{-}21)$$

转子侧吸收的有功功率为

$$P_r = u_{DC} i_r \qquad (3\text{-}22)$$

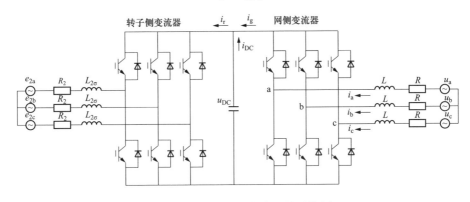

图 3-6　"背靠背"变流器的结构图

因此,要使得 $P_g = P_r$, u_{DC} 应为常数,需要对 u_{DC} 采用闭环控制。由于网侧变流器和转子侧变流器的电路结构类似,在此仅对网侧变流器进行分析。根据网侧变流器的结构,在三相电网电压平衡下,其数学模型为

$$\begin{cases} L\dfrac{di_a}{dt} = u_a - u_{DC}\dfrac{2S_a - S_b - S_c}{3} - Ri_a \\[2mm] L\dfrac{di_b}{dt} = u_b - u_{DC}\dfrac{2S_b - S_a - S_c}{3} - Ri_b \\[2mm] L\dfrac{di_c}{dt} = u_c - u_{DC}\dfrac{2S_c - S_a - S_b}{3} - Ri_c \\[2mm] C\dfrac{du_{DC}}{dt} = i_r - (S_a i_a + S_b i_b + S_c i_c) \end{cases} \qquad (3\text{-}23)$$

式中: S_a、S_b 和 S_c 分别为三相桥臂的开关函数,当其为 1 时,表示桥臂的上管导通,下管关断;当其为 0 时,则反之;u_{DC} 为直流母线的电压。

对式(3-23)进行坐标变换,可得 dq 坐标系下的网侧变流器模型为

$$\begin{cases} L\dfrac{di_d}{dt} = u_{dg} - u_d - Ri_{dg} + \omega Li_{qg} \\[2mm] L\dfrac{di_q}{dt} = u_{qg} - u_q - Ri_{qg} - \omega Li_{dg} \\[2mm] C\dfrac{du_{DC}}{dt} = i_r - \left(\dfrac{u_d}{u_{DC}}i_{dg} + \dfrac{u_q}{u_{DC}}i_{qg}\right) \end{cases} \qquad (3\text{-}24)$$

式中: u_{dg} 和 u_{qg} 分别为电网电压的 d 轴和 q 轴分量;u_d 和 u_q 分别为变流器交流侧的 d 轴和 q 轴电压分量。

稳态时,式(3-24)中各导数为零,可得

$$\begin{cases} u_{dg} = u_d + Ri_{dg} - \omega Li_{qg} \\ u_{qg} = u_q + Ri_{qg} + \omega Li_{dg} \end{cases} \quad (3\text{-}25)$$

则网侧变流器和电网之间交换的有功和无功功率可表示为

$$\begin{cases} P_g = u_{dg}i_{dg} + u_{qg}i_{qg} \\ Q_g = u_{qg}i_{dg} - u_{dg}i_{qg} \end{cases} \quad (3\text{-}26)$$

同理，可得转子侧变流器的有功和无功功率可表示为

$$\begin{cases} P_r = u_{dr}i_{dr} + u_{qr}i_{qr} \\ Q_r = u_{qr}i_{dr} - u_{dr}i_{qr} \end{cases} \quad (3\text{-}27)$$

则根据图 3-6 所示的电流流向，该变流器的功率平衡方程可以写成

$$P_r = P_g + P_{DC} \quad (3\text{-}28)$$

式中：P_{DC} 为并联电容器的有功功率。

根据式（3-26）～式（3-28）可得变流器的模型为

$$Cu_{DC}\frac{\mathrm{d}u_{DC}}{\mathrm{d}t} = (u_{dg}i_{dg} + u_{qg}i_{qg}) - (u_{dr}i_{dr} + u_{qr}i_{qr}) \quad (3\text{-}29)$$

若在不考虑电力电子器件动态过程，而仅考虑电容充放电过程时，式（3-29）是变流器常用的模型。

3.2.5　双馈感应发电机模型

3.2.5.1　abc 坐标下的方程

设定子磁链旋转速度为 ω_s（通常称为同步速），转子旋转速度为 ω_r，各坐标之间的关系如图 3-7 所示，其中 abc 为电机定子坐标，ABC 为电机转子坐标，dq 表示转速为同步速 ω_s 的旋转坐标，xy 表示转速为同步速 ω_s 的系统公共坐标。转子绕组 A 轴领先于定子绕组 a 轴的角度为 θ，d 轴领先于 a 轴的角度为 θ_s，d 轴领先 A 轴的角度为 θ_r。按照发电机惯例，设电流流出电机为正。需要指出的是，异步发电机 dq 坐标系的转速通常取为同步速 ω_s，而同步发电机 dq 坐标系的转速则通常取为转子转速 ω_r。

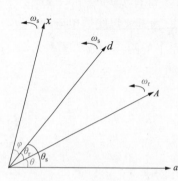

图 3-7　坐标空间向量图

由图 3-7 可得

$$\theta_{\mathrm{r}} = \theta_{\mathrm{s}} - \theta \quad (3\text{-}30)$$

$$\begin{cases} \dfrac{\mathrm{d}\theta_{\mathrm{s}}}{\mathrm{d}t} = \omega_{\mathrm{s}} \\[2mm] \dfrac{\mathrm{d}\theta}{\mathrm{d}t} = \omega_{\mathrm{r}} \\[2mm] \dfrac{\mathrm{d}\theta_{\mathrm{r}}}{\mathrm{d}t} = \omega_{\mathrm{s}} - \omega_{\mathrm{r}} = s\omega_{\mathrm{s}} \end{cases} \quad (3\text{-}31)$$

对于 DFIG 风力发电机，滑差 s 可正可负，有

$$s = \frac{\omega_{\mathrm{s}} - \omega_{\mathrm{r}}}{\omega_{\mathrm{s}}} \quad (3\text{-}32)$$

abc 坐标系下的磁链方程为

$$\begin{bmatrix} \psi_a \\ \psi_b \\ \psi_c \\ \psi_A \\ \psi_B \\ \psi_C \end{bmatrix} = \begin{bmatrix} L_{aa} & M_{ab} & M_{ac} & M_{aA} & M_{aB} & M_{aC} \\ M_{ab} & L_{bb} & M_{bc} & M_{bA} & M_{bB} & M_{bC} \\ M_{ca} & M_{cb} & L_{cc} & M_{cA} & M_{cB} & M_{cC} \\ M_{Aa} & M_{Ab} & M_{Ac} & L_{AA} & M_{AB} & M_{AC} \\ M_{Ba} & M_{Bb} & M_{Bc} & M_{BA} & L_{BB} & M_{BC} \\ M_{Ca} & M_{Cb} & M_{Cc} & M_{CA} & M_{CB} & L_{CC} \end{bmatrix} \begin{bmatrix} -i_a \\ -i_b \\ -i_c \\ i_A \\ i_B \\ i_C \end{bmatrix} \quad (3\text{-}33)$$

将式（3-33）简写为

$$\begin{bmatrix} \boldsymbol{\Psi}_{abc} \\ \boldsymbol{\Psi}_{ABC} \end{bmatrix} = \begin{bmatrix} \boldsymbol{L}_{\mathrm{ss}} & \boldsymbol{L}_{\mathrm{sr}} \\ \boldsymbol{L}_{\mathrm{rs}} & \boldsymbol{L}_{\mathrm{rr}} \end{bmatrix} \begin{bmatrix} -\boldsymbol{i}_{abc} \\ \boldsymbol{i}_{ABC} \end{bmatrix} \quad (3\text{-}34)$$

注意到转子是隐极而且转子上绕组也是三相对称的，所以定子电感 $\boldsymbol{L}_{\mathrm{ss}}$、转子电感 $\boldsymbol{L}_{\mathrm{rr}}$ 均是恒定的，但定子与转子之间的电感 $\boldsymbol{L}_{\mathrm{sr}} = \boldsymbol{L}_{\mathrm{rs}}{}^{\mathrm{T}}$ 由于转子旋转而时变，其表达式为

$$\boldsymbol{L}_{\mathrm{sr}} = L_{\mathrm{m}} \begin{bmatrix} \cos\theta & \cos(\theta+120°) & \cos(\theta-120°) \\ \cos(\theta-120°) & \cos\theta & \cos(\theta+120°) \\ \cos(\theta+120°) & \cos(\theta-120°) & \cos\theta \end{bmatrix} \quad (3\text{-}35)$$

abc 坐标系下的电压方程为

$$\begin{bmatrix} u_a \\ u_b \\ u_c \\ u_A \\ u_B \\ u_C \end{bmatrix} = \begin{bmatrix} R_{\mathrm{s}} & 0 & 0 & 0 & 0 & 0 \\ 0 & R_{\mathrm{s}} & 0 & 0 & 0 & 0 \\ 0 & 0 & R_{\mathrm{s}} & 0 & 0 & 0 \\ 0 & 0 & 0 & R_{\mathrm{r}} & 0 & 0 \\ 0 & 0 & 0 & 0 & R_{\mathrm{r}} & 0 \\ 0 & 0 & 0 & 0 & 0 & R_{\mathrm{r}} \end{bmatrix} \begin{bmatrix} -i_a \\ -i_b \\ -i_c \\ i_A \\ i_B \\ i_C \end{bmatrix} + \frac{\mathrm{d}}{\mathrm{d}t} \begin{bmatrix} \psi_a \\ \psi_b \\ \psi_c \\ \psi_A \\ \psi_B \\ \psi_C \end{bmatrix} \quad (3\text{-}36)$$

将式（3-36）简写为

$$\begin{cases} \boldsymbol{u}_{abc} = -R_s \boldsymbol{i}_{abc} + \dfrac{\mathrm{d}\boldsymbol{\varPsi}_{abc}}{\mathrm{d}t} \\ \boldsymbol{u}_{ABC} = R_r \boldsymbol{i}_{ABC} + \dfrac{\mathrm{d}\boldsymbol{\varPsi}_{ABC}}{\mathrm{d}t} \end{cases} \tag{3-37}$$

式中：R_s 和 R_r 分别为定子绕组电阻和转子绕组电阻。

abc 坐标系下的电磁功率和电磁转矩方程为

$$P_e = u_a i_a + u_b i_b + u_c i_c \tag{3-38}$$

$$T_e = -\frac{1}{2} \boldsymbol{i}^{\mathrm{T}} \frac{\mathrm{d}\boldsymbol{L}}{\mathrm{d}t} \boldsymbol{i} \tag{3-39}$$

3.2.5.2 $dq0$ 坐标下的方程

下面通过 Park 变换，将定子 abc 变量和转子 ABC 变量均转换到公共的 $dq0$ 坐标中的量，推导出相应的方程。

（1）$dq0$ 坐标变换。利用 Park 变换，将定子 abc 变量转换到 $dq0$ 坐标中的变换方程为

$$\boldsymbol{f}_{dq0} = \boldsymbol{P}_s \boldsymbol{f}_{abc}$$

$$\boldsymbol{P}_s = \frac{2}{3} \begin{bmatrix} \cos\theta_s & \cos(\theta_s - 120°) & \cos(\theta_s + 120°) \\ -\sin\theta_s & -\sin(\theta_s - 120°) & -\sin(\theta_s + 120°) \\ 1/2 & 1/2 & 1/2 \end{bmatrix} \tag{3-40}$$

式中：$\boldsymbol{P}_s$ 为 Park 变换矩阵。

将转子 ABC 变量转换到 $dq0$ 坐标中的变换方程为

$$\boldsymbol{f}_{dq0} = \boldsymbol{P}_r \boldsymbol{f}_{ABC}$$

$$\boldsymbol{P}_r = \frac{2}{3} \begin{bmatrix} \cos\theta_r & \cos(\theta_r - 120°) & \cos(\theta_r + 120°) \\ -\sin\theta_r & -\sin(\theta_r - 120°) & -\sin(\theta_r + 120°) \\ 1/2 & 1/2 & 1/2 \end{bmatrix} \tag{3-41}$$

逆变换矩阵为

$$\boldsymbol{P}_s^{-1} = \begin{bmatrix} \cos\theta_s & -\sin\theta_s & 1 \\ \cos(\theta_s - 120°) & -\sin(\theta_s - 120°) & 1 \\ \cos(\theta_s + 120°) & -\sin(\theta_s + 120°) & 1 \end{bmatrix}$$

$$\boldsymbol{P}_r^{-1} = \begin{bmatrix} \cos\theta_r & -\sin\theta_r & 1 \\ \cos(\theta_r - 120°) & -\sin(\theta_r - 120°) & 1 \\ \cos(\theta_r + 120°) & -\sin(\theta_r + 120°) & 1 \end{bmatrix}$$

（2）$dq0$ 坐标下的磁链方程。对定子磁链方程式进行 Park 变换，有

$$\boldsymbol{\varPsi}_{dq0}^s = -\boldsymbol{P}_s \boldsymbol{L}_{ss} \boldsymbol{P}_s^{-1} \boldsymbol{i}_{dq0}^s + \boldsymbol{P}_s \boldsymbol{L}_{sr} \boldsymbol{P}_r^{-1} \boldsymbol{i}_{dq0}^r$$

经过推导，不难证明其中的电感为

$$\boldsymbol{P}_{s}\boldsymbol{L}_{ss}\boldsymbol{P}_{s}^{-1} = \begin{bmatrix} L_{ss} & 0 & 0 \\ 0 & L_{ss} & 0 \\ 0 & 0 & L_{0} \end{bmatrix}$$

$$\boldsymbol{P}_{s}\boldsymbol{L}_{sr}\boldsymbol{P}_{r}^{-1} = \begin{bmatrix} L_{m} & 0 & 0 \\ 0 & L_{m} & 0 \\ 0 & 0 & 0 \end{bmatrix}$$

一般不考虑 0 分量，所以定子磁链方程为

$$\begin{cases} \psi_{ds} = -L_{ss}i_{ds} + L_{m}i_{dr} \\ \psi_{qs} = -L_{ss}i_{qs} + L_{m}i_{qr} \end{cases} \tag{3-42}$$

类似可得转子磁链方程为

$$\begin{cases} \psi_{dr} = L_{rr}i_{dr} - L_{m}i_{ds} \\ \psi_{qr} = L_{rr}i_{qr} - L_{m}i_{qs} \end{cases} \tag{3-43}$$

式中：L_{ss}、L_{rr}、L_{m} 分别为定子绕组电感、转子绕组电感和定子绕组与转子绕组之间的互感，绕组电感为漏感与互感之和，即

$$\begin{cases} L_{ss} = L_{s\sigma} + L_{m} \\ L_{rr} = L_{r\sigma} + L_{m} \end{cases}$$

（3）$dq0$ 坐标下的电压方程。对定子绕组电压方程式（3-37）进行 Park 变换，有

$$\boldsymbol{u}_{dq0}^{s} = -\boldsymbol{P}_{s}\boldsymbol{R}_{s}\boldsymbol{P}_{s}^{-1}\boldsymbol{i}_{dq0}^{s} + \boldsymbol{P}_{s}\frac{\mathrm{d}}{\mathrm{d}t}(\boldsymbol{P}_{s}^{-1}\boldsymbol{\varPsi}_{dq0}^{s}) = -\boldsymbol{R}_{s}\boldsymbol{i}_{dq0}^{s} + \frac{\mathrm{d}\boldsymbol{\varPsi}_{dq0}^{s}}{\mathrm{d}t} + \boldsymbol{P}_{s}\frac{\mathrm{d}\boldsymbol{P}_{s}^{-1}}{\mathrm{d}t}\boldsymbol{\varPsi}_{dq0}^{s}$$

经过推导，不难证明

$$\boldsymbol{P}_{s}\frac{\mathrm{d}\boldsymbol{P}_{s}^{-1}}{\mathrm{d}t}\boldsymbol{\varPsi}_{dq0}^{s} = \begin{bmatrix} 0 & -1 & 0 \\ 1 & 0 & 0 \\ 0 & 0 & 0 \end{bmatrix}\frac{\mathrm{d}\theta_{s}}{\mathrm{d}t}\boldsymbol{\varPsi}_{dq0}^{s} = \begin{bmatrix} -\omega_{s}\psi_{qs} \\ \omega_{s}\psi_{ds} \\ 0 \end{bmatrix}$$

所以，定子电压方程为

$$\begin{cases} u_{ds} = -R_{s}i_{ds} + \dfrac{\mathrm{d}\psi_{ds}}{\mathrm{d}t} - \omega_{s}\varphi_{qs} \\ u_{qs} = -R_{s}i_{qs} + \dfrac{\mathrm{d}\psi_{qs}}{\mathrm{d}t} + \omega_{s}\varphi_{ds} \end{cases} \tag{3-44}$$

类似可得转子电压方程为

$$\begin{cases} u_{dr} = R_r i_{dr} + \dfrac{\mathrm{d}\psi_{dr}}{\mathrm{d}t} - (\omega_s - \omega_r)\psi_{qr} \\ u_{qr} = R_r i_{qr} + \dfrac{\mathrm{d}\psi_{qr}}{\mathrm{d}t} + (\omega_s - \omega_r)\psi_{dr} \end{cases} \qquad (3-45)$$

由此可见，定子和转子电压均由三项组成：第一项为欧姆电压；第二项为磁链变化引起的脉变电压；第三项为速度电势。值得注意的是，转子电压中比同步发电机多出了速度电势，此速度电势是由转子转速与同步转速的相对运动引起的。如果转子转速也为同步转速，此项即消失。另一点值得注意的是，同步发电机和异步电动机的转子电压为零，而异步发电机的转子电压不为零。

（4）$dq0$ 坐标下的功率和转矩方程。经过选择适当的基准值，而且不考虑 0 分量，标幺值功率方程为

$$\begin{cases} P_e = \boldsymbol{u}_{abc}^{\mathrm{T}} \boldsymbol{i}abc = (\boldsymbol{u}_{dq0}^{s})^{\mathrm{T}}(\boldsymbol{P}_s^{-1})^{\mathrm{T}} \boldsymbol{P}_s^{-1}\boldsymbol{i}_{dq0}^{s} = u_{ds}i_{ds} + u_{qs}i_{qs} \\ P_{em} = P_e + R_s(i_{ds}^2 + i_{qs}^2) \end{cases} \qquad (3-46)$$

即电磁功率为定子输出功率加上定子铜耗，如果忽略定子铜耗，则两者相等。根据式（3-18）、式（3-42）、式（3-43）和式（3-46），经过推导可得电磁转矩方程为

$$T_e = \psi_{ds}i_{qs} - \psi_{qs}i_{ds} = \psi_{dr}i_{qr} - \psi_{qr}i_{dr} = L_m(i_{qs}i_{dr} - i_{ds}i_{qr}) \qquad (3-47)$$

上述 $dq0$ 坐标下的模型，也可称为电磁暂态模型或者 Park 模型。在进行电力系统机电暂态过程分析时，通常忽略电机的定子暂态过程获得机电暂态模型，通过定义实用变量获得相应的实用模型。

3.2.6 永磁同步发电机模型

永磁同步发电机的定子部分与普通的同步发电机相似，定子的三相电压、磁链矢量和定子电流矢量之间都是高阶、非线性、强耦合的关系。永磁低速同步发电机的转子结构却和普通的同步电机不同，它由特定形状的永磁体励磁。永磁体自身产生磁链，在转子旋转时产生感应电动势，这点与普通的电励磁转子相似；但永磁体本身没有电流，在理想状况下认为永磁体没有电阻，所以永磁转子的自感系数和电压方程无从谈起，永磁转子和定子之间的交链引起的互感按照常规电机方程计算难以解决。

由于铁芯饱和以及诸如附加气隙的磁滞损耗，实际运用中的永磁同步电机合成漏磁导和漏磁系数为变量，使得电机运行时各矢量的分析复杂。在建

立数学模型过程中, 作以下基本假设: ①忽略电机铁芯的饱和, 认为磁路线性, 电感参数不变; ②不计电机中的铁心涡流和磁滞损耗; ③转子上没有阻尼绕组, 永磁体也没有阻尼作用; ④不考虑电机运行时的外界条件诸如温度之类对永磁体磁链的影响, 认为永磁体工作时的磁链为一常数, 且转子旋转时永磁体产生的感应电动势是正弦。

图 3-8 中, 规定正电压产生正电流, 正电流产生正磁场, 电势与磁链满足右手定则, 且相电流产生的磁场轴线与绕组轴线完全一致, 定子三相绕组轴线空间逆时针排列, a 相绕组轴线作为定子静止参考轴, 转子永磁极产生的基波磁场方向为直轴 d 轴, 超前直轴 90°电角度的位置是 q 轴。并且以转子直轴相对于定子 a 相绕组轴线作为转子位置角 θ, 即逆时针方向旋转为转速正方向。

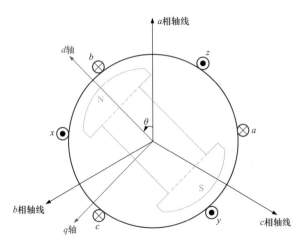

图 3-8 永磁同步发电机结构图

三相永磁同步发电机的三个电枢绕组空间分布, 轴线互差 120°电角度, 每相绕组电压与电阻压降和磁链变化平衡。定子磁链由定子三相绕组电流和转子永磁体磁链产生, 定子三相绕组电流产生的磁链与转子位置角有关, 转子永磁体产生的磁链与转子位置角有关, 其中永磁体磁链在每相绕组中产生反电动势。

永磁发电机本质上是同步发电机, 只要用永磁转子的等效磁导率计算出电机的各种电感, 并将励磁电流设定为常数, 就可以采用同步发电机的分析方法进行分析。

与传统的同步发电机相类似, 其 abc 坐标下的电压方程可以写为

$$u_{abc} = \frac{\mathrm{d}\boldsymbol{\Psi}_{abc}}{\mathrm{d}t} - R_s \boldsymbol{i}_{abc} = \frac{\mathrm{d}(\boldsymbol{\Psi}_{s\_abc} + \boldsymbol{\Psi}_{\mathrm{PM}\_abc})}{\mathrm{d}t} - R_s \boldsymbol{i}_{abc} \tag{3-48}$$

式中：$\boldsymbol{u}_{abc}$ 为定子三相电压；$\boldsymbol{\Psi}_{abc}$ 为定子三相磁链；$\boldsymbol{\Psi}_{s\_abc}$ 为定子电流产生的磁链；$\boldsymbol{\Psi}_{\mathrm{PM}\_abc}$ 为永磁体产生的磁场匝链到定子上的磁链；$\boldsymbol{i}_{abc}$ 为定子三相电流；R_s 为定子电阻。

对电压方程进行 Park 变换，选取 Park 变换矩阵为

$$\boldsymbol{D} = \frac{2}{3} \begin{bmatrix} \cos\theta_a & \cos\theta_b & \cos\theta_c \\ \sin\theta_a & \sin\theta_b & \sin\theta_c \\ 1/2 & 1/2 & 1/2 \end{bmatrix} \tag{3-49}$$

在式（3-48）两端同时左乘 Park 矩阵可得

$$\boldsymbol{u}_{dq0} = \boldsymbol{D} \frac{\mathrm{d}(\boldsymbol{\Psi}_{s\_abc} + \boldsymbol{\Psi}_{\mathrm{PM}\_abc})}{\mathrm{d}t} - R_s \boldsymbol{i}_{dq0} \tag{3-50}$$

$$\boldsymbol{D} \frac{\mathrm{d}(\boldsymbol{\Psi}_{s\_abc} + \boldsymbol{\Psi}_{\mathrm{PM}\_abc})}{\mathrm{d}t} = \frac{\mathrm{d}(\boldsymbol{\Psi}_{s\_dq0} + \boldsymbol{\Psi}_{\mathrm{PM}\_dq0})}{\mathrm{d}t} + \omega \begin{bmatrix} -\boldsymbol{\Psi}_{s\_q} - \boldsymbol{\Psi}_{\mathrm{PM}\_q} \\ \boldsymbol{\Psi}_{s\_d} + \boldsymbol{\Psi}_{\mathrm{PM}\_d} \\ 0 \end{bmatrix} \tag{3-51}$$

将 $\boldsymbol{\Psi}_{s\_dq0} = -L_s \boldsymbol{i}_{dq0}$ 代入，并假设 dq 坐标系的 d 轴与永磁体产生的磁场同相位，得到永磁电机的电压方程为

$$\begin{cases} u_{ds} = -R_s i_{ds} - L_s \dfrac{\mathrm{d}i_{ds}}{\mathrm{d}t} + \omega L_s i_{qs} \\ u_{qs} = -R_s i_{qs} - L_s \dfrac{\mathrm{d}i_{qs}}{\mathrm{d}t} - \omega L_s i_{ds} + \omega\psi \end{cases} \tag{3-52}$$

式中：ω 为永磁发电机的角速度。

将式（3-52）改写成

$$\begin{cases} L_s \dfrac{\mathrm{d}i_{ds}}{\mathrm{d}t} = -u_{ds} - R_s i_{ds} + \omega L_s i_{qs} \\ L_s \dfrac{\mathrm{d}i_{qs}}{\mathrm{d}t} = -u_{qs} - R_s i_{qs} - \omega L_s i_{ds} + \omega\psi \end{cases} \tag{3-53}$$

式（3-53）描述了永磁同步发电机定子的动态。

3.3 风电机组的控制器模型

3.3.1 桨距角控制器模型

桨距角控制是风电机组中一个重要的控制环节。桨距角控制器（pitch

angle controller）通过改变风轮叶片的桨距角来改变叶片迎风的攻角，从而改变风力机捕获的风能大小。当风力机承受的风速高于额定风速时，桨距角控制器通过变桨机构增大叶片的桨距角以防止风力机的输出机械功率超过额定机械功率。而当风力机承受的风速低于额定风速时，叶片的桨距角保持在0°。桨距角控制还可以在电网出现电压跌落故障时起到辅助实现低电压穿越的功能。

桨距角控制的原理简单，但不同类型或不同厂家生产的风电机组采用的桨距角控制方式可能不同。例如，图3-9（a）所示的桨距角控制器，其输入量是风电机组的实际有功输出功率的标幺值 P_e 与额定机械功率的标幺值 P_{mN} 之差，由 PI 控制器计算桨距角调节的目标值，同时考虑机械部件的动作速率给予桨距角变化率的限制。

图3-9（b）所示的桨距角控制器是以发电机的转速 ω 与额定转速 ω_N 的差值作为输入的，这是一个带输出限幅的比例控制器。以转速为输入量的控制方式更多地用在 DFIG 或 PMSG 等变速运行的风力发电机上。

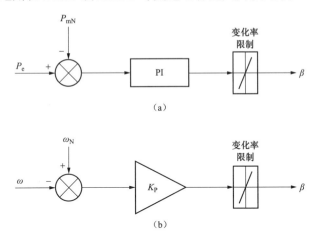

图 3-9　桨距角控制器

（a）以有功功率为输入的桨距角控制器框图；（b）以转速为输入的桨距角控制器框图

3.3.2　双馈感应发电机控制器模型

DFIG 风电机组中最常用的控制策略是解耦矢量控制。在 dq 坐标下，假设 d 轴与发电机的定子磁链的方向保持一致，DFIG 的定子有功功率和无功功率或电压可以分别通过转子电压在 q 轴和 d 轴的分量进行解耦控制，本节以有功功率和电压的解耦控制为例，推导双馈电机的控制器模型。

3.3.2.1 转子侧控制器模型

转子侧控制器的目标是控制发电机的有功功率能够跟踪风机的输入功率并且维持发电机端口的电压恒定，此处采用的是恒电压控制，控制器的控制框图如图 3-10 所示。根据控制框图，并假设中间变量为 x_1、x_2、x_3、x_4，转子侧控制器方程可以写成

$$\frac{\mathrm{d}x_1}{\mathrm{d}t} = P_{\text{s\_ref}} - P_{\text{s}} \tag{3-54}$$

$$i_{qr\_ref} = K_{p1}(P_{\text{s\_ref}} - P_{\text{s}}) + K_{i1}x_1 \tag{3-55}$$

$$\frac{\mathrm{d}x_2}{\mathrm{d}t} = i_{qr\_ref} - i_{qr} = K_{p1}(P_{\text{s\_ref}} - P_{\text{s}}) + K_{i1}x_1 - i_{qr} \tag{3-56}$$

$$\frac{\mathrm{d}x_3}{\mathrm{d}t} = u_{\text{s\_ref}} - u_{\text{s}} \tag{3-57}$$

$$i_{dr\_ref} = K_{p3}(u_{\text{s\_ref}} - u_{\text{s}}) + K_{i3}x_3 \tag{3-58}$$

$$\frac{\mathrm{d}x_4}{\mathrm{d}t} = i_{dr\_ref} - i_{dr} = K_{p3}(u_{\text{s\_ref}} - u_{\text{s}}) + K_{i3}x_3 - i_{dr} \tag{3-59}$$

从而可以得到

$$u_{qr} = K_{p2}(K_{p1}\Delta P + K_{i1}x_1 - i_{qr}) + K_{i2}x_2 + s\omega_s L_m i_{ds} + s\omega_s L_{rr} id_{qr} \tag{3-60}$$

$$\Delta P = P_{\text{s\_ref}} - P$$

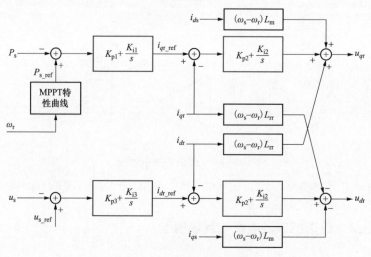

图 3-10 转子侧控制器框图

$$u_{dr} = K_{p2}(K_{p3}\Delta u + K_{i3}x_3 - i_{dr}) + K_{i2}x_4 + s\omega_s L_m i_{qs} - s\omega_s L_{rr} id_{dr} \tag{3-61}$$

式中：K_{p1} 和 K_{i1} 分别为有功功率控制的比例系数和积分系数；K_{p2} 和 K_{i2} 分别

为转子侧电流控制的比例系数和积分系数；K_{p3} 和 K_{i3} 分别为电压控制的比例系数和积分系数；i_{qr_ref} 为转子侧 q 轴电流的参考值；u_{s_ref} 为电压的控制目标；u_s 为发电机端口电压；P_s 为发电机实际有功功率；P_{s_ref} 为有功功率的参考值，其数值根据发电机转速 ω_t 查询最大功率跟踪特性曲线获得。

3.3.2.2 网侧控制器模型

网侧控制器的目标是为了维持"背靠背"变流器中并联电容器的电压保持恒定，以及控制变流器输出的无功功率。电容器的电压通过网侧变流器电流的 d 轴分量来控制，而无功功率通过网侧变流器电流的 q 轴分量来控制，为了减少损耗，通常将 q 轴电流的参考值设为 0。网侧控制器框图如图 3-11 所示。

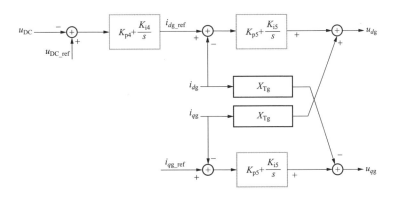

图 3-11　网侧控制器框图

根据控制框图，并假设中间变量为 x_5、x_6、x_7，网侧控制器方程可以写成

$$\frac{\mathrm{d}x_5}{\mathrm{d}t} = u_{\mathrm{DC\_ref}} - u_{\mathrm{DC}} = -\Delta u_{\mathrm{DC}} \tag{3-62}$$

$$i_{dg\_ref} = -K_{p4}\Delta u_{\mathrm{DC}} + K_{i4}x_5 \tag{3-63}$$

$$\frac{\mathrm{d}x_6}{\mathrm{d}t} = i_{dg\_ref} - i_{dg} = -K_{p4}\Delta u_{\mathrm{DC}} + K_{i4}x_5 - i_{dg} \tag{3-64}$$

$$\frac{\mathrm{d}x_7}{\mathrm{d}t} = i_{qg\_ref} - i_{qg} \tag{3-65}$$

从而可得

$$u_{dg} = K_{p5}\frac{\mathrm{d}x_6}{\mathrm{d}t} + K_{i5}x_6 + X_{\mathrm{Tg}}i_{qg} = K_{p5}(-K_{p4}\Delta u_{\mathrm{DC}} + K_{i4}x_5 - i_{dg}) + K_{i5}x_6 + X_{\mathrm{Tg}}i_{qg}$$

$$\tag{3-66}$$

$$u_{qg} = K_{p5} \frac{\mathrm{d}x_7}{\mathrm{d}t} + K_{i5}x_7 - X_{Tg}i_{qg} = K_{p5}(i_{qg\_ref} - i_{qg}) + K_{i5}x_7 - X_{Tg}i_{dg} \qquad (3\text{-}67)$$

式中：K_{p4} 和 K_{i4} 分别为电容器电压控制器的比例系数和积分系数；K_{p5} 和 K_{i5} 分别为网侧电流控制器的比例系数和积分系数；u_{DC_ref} 为电容器电压的参考值；i_{qg_ref} 为网侧 q 轴电流的参考值，通常设为 0；X_{Tg} 为连接变流器和网络的变压器电抗。

3.3.3 永磁同步发电机控制器模型

对于永磁同步发电机的控制策略，不少研究人员对于各种应用场景下的永磁同步发电机的控制策略进行了研究。下文中，采用与 DFIG 机组相类似的矢量解耦控制方式进行阐述。

3.3.3.1 机侧控制器模型

PMSG 风电机组的机侧控制器采用基于转子磁链定向的矢量解耦控制策略，将 d 轴定向于转子永磁体的磁链方向上。机侧控制器的目标是控制发电机的有功功率能够跟踪风机的输入功率，同时控制 d 轴电流为 0，使得发电机的损耗最少，控制器的控制框图如图 3-12 所示。

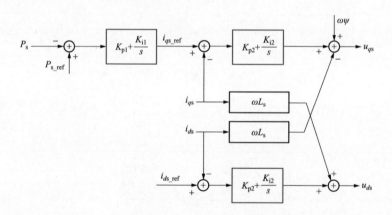

图 3-12　机侧控制器框图

根据控制框图，设中间变量为 x_1、x_2、x_3，机侧控制器方程可以写为

$$\frac{\mathrm{d}x_1}{\mathrm{d}t} = P_{s\_ref} - P_s \qquad (3\text{-}68)$$

$$i_{qs\_ref} = K_{p1}(P_{s\_ref} - P_s) + K_{i1}x_1 \qquad (3\text{-}69)$$

$$\frac{\mathrm{d}x_2}{\mathrm{d}t} = i_{qs\_ref} - i_{qs} = K_{p1}(P_{s\_ref} - P_s) + K_{i1}x_1 - i_{qs} \qquad (3\text{-}70)$$

$$\frac{\mathrm{d}x_3}{\mathrm{d}t} = i_{ds\_ref} - i_{ds} \qquad (3\text{-}71)$$

从而可得

$$u_{qs} = K_{p2}(K_{p1}\Delta P_s + K_{i1}x_1 - i_{qs}) + K_{i2}x_2 - \omega L_s i_{ds} + \omega\psi \qquad (3\text{-}72)$$

$$u_{ds} = K_{p2}(i_{ds\_ref} - i_{ds}) + K_{i2}x_2 + \omega L_s i_{qs} \qquad (3\text{-}73)$$

式中：K_{p1} 和 K_{i1} 分别为有功功率控制的比例系数和积分系数；K_{p2} 和 K_{i2} 分别为电流控制器的比例系数和积分系数；P_{s_ref} 为有功功率的参考值。

P_{s_ref} 表达式为

$$P_{s\_ref} = P_B \frac{\omega_t}{\omega_{tB}} \qquad (3\text{-}74)$$

式中：ω_{tB} 为发电机转速的基准值；P_B 为与基准转速相对应的发电机的功率。

3.3.3.2 网侧控制器模型

网侧控制器与基于双馈感应式发电机的控制器相同，控制器的目标是维持"背靠背"变流器中并联电容器的电压和风电机组的端口电压保持恒定。电容器的电压通过网侧变流器电流的 d 轴分量来控制，而风电系统的端口电压通过网侧变流器电流的 q 轴分量来控制。网侧控制器框图如图 3-13 所示。

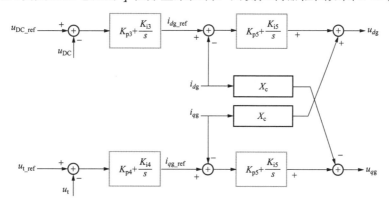

图 3-13　网侧控制器框图

根据控制框图，假设中间变量为 x_4、x_5、x_6、x_7，网侧控制器方程可以写为

$$\frac{\mathrm{d}x_4}{\mathrm{d}t} = u_{DC\_ref} - u_{DC} = -\Delta u_{DC} \qquad (3\text{-}75)$$

$$\frac{\mathrm{d}x_5}{\mathrm{d}t} = i_{dg\_ref} - i_{dg} = -K_{p3}\Delta u_{DC} + K_{i3}x_4 - i_{dg} \qquad (3\text{-}76)$$

$$\frac{\mathrm{d}x_6}{\mathrm{d}t} = u_{t\_ref} - u_t = -\Delta u_t \qquad (3\text{-}77)$$

$$\frac{\mathrm{d}x_7}{\mathrm{d}t} = i_{qg\_ref} - i_{qg} = -K_{p4}\Delta u_t + K_{i4}x_6 - i_{qg} \tag{3-78}$$

$$u_{dg} = K_{p5}\frac{\mathrm{d}x_5}{\mathrm{d}t} + K_{i5}x_5 + X_c i_{qg} = K_{p5}(-K_{p3}\Delta u_{DC} + K_{i3}x_4 - i_{dg}) + K_{i5}x_5 + X_c i_{qg} \tag{3-79}$$

$$u_{qg} = K_{p5}\frac{\mathrm{d}x_7}{\mathrm{d}t} + K_{i5}x_7 - X_c i_{dg} = K_{p5}(-K_{p4}\Delta u_t + K_{i4}x_6 - i_{qg}) + K_{i5}x_7 - X_c i_{dg} \tag{3-80}$$

式中：K_{p3} 和 K_{i3} 分别为电容器电压控制器的比例系数和积分系数；K_{p4} 和 K_{i4} 分别为端口电压控制器的比例系数和积分系数；K_{p5} 和 K_{i5} 分别为网侧电流控制器的比例系数和积分系数；u_{DC_ref} 为电容器电压的参考值；X_c 为连接风电系统和网络的变压器电抗；u_t 为变压器出口的端口电压；u_{t_ref} 为变压器出口电压参考值。

3.4 基于 RT-LAB 风机建模案例分析

本节结合上述三节内容，进一步在 RT-LAB 平台上搭建了双馈风机与直驱风机的仿真模型。

3.4.1 双馈异步风机建模

3.4.1.1 双馈风机基本结构搭建

（1）风力机模型。基于式（3-10）～式（3-14）搭建的风力机仿真模型如图 3-14 所示，将该模型封装后进行参数配置，其参数配置界面如图 3-15 所示。

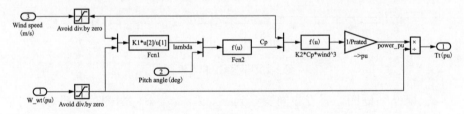

图 3-14 风力机仿真模型

第一栏 Nominal mechanical output power 为风力机输出的额定机械功率 Pmec，其值设定为 1.5×10^6；第二栏 Coefficients 为风能利用系数 [c1...c8]，其值设定如图 3-16 所示，其中 theta 为桨距角，lambda 为叶尖速比；第三栏 Parameters 为 K1、K2 的参数设定，其计算方式如图 3-17 所示，该参数采用

图 3-17 设定的原因在于能够实现最大风能跟踪；第四栏 Initial wind speed 为初试风速，其值设定为 11。

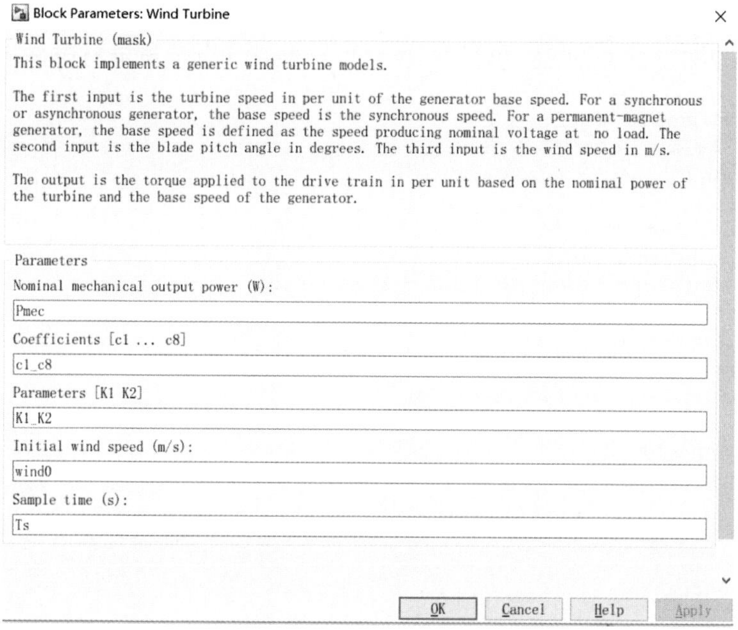

图 3-15 风力机参数配置图

```
c1 = 0.6450;
c2 = 116;
c3 = 0.4;
c4 = 5;
c5 = 0.21;
c6 = 0.00912;
c7 = 0.08;
c8 = 0.035;
theta=0;
CpMax=0.5;
lambda_CpMax=9.9495;
```

图 3-16 风能利用系数参数设置

（2）传动系统模型。基于式（3-14）～式（3-18）搭建了如图 3-18 所示的两质块传动系统仿真模型，将该模型封装后进行各参数配置，其参数配置图如图 3-19 所示。

第一栏 Wind turbine inertia constant H 为风力机惯性时间常数 H_WT，其值设定为 4.32；第二栏 Shaft spring constant 为传动轴的刚性系数 Ksh，其值设定为

1.11；第三栏 Shaft mutual damping 为轴的阻尼摩擦系数 D_mutual，其值设定为 1.5；第四栏 Shaft base speed 为轴的基准速度 wbase，其值为 2*pi*Fnom/p= 104.72；第五栏 Turbine initial speed 为风力机初始转速 w_wt0，其值设定为 1.2；第五栏 Initial output torque 为转矩初始输出 torque0，其值设定为 0.83。

```
if wind_speed_CpMax < 6
    wind_speed_CpMax=6;
    disp('Warning: Wind speed at nominal speed and at Cp max has been set to 6 m/s')
end
if wind_speed_CpMax > 30
    wind_speed_CpMax=30;
    disp('Warning: Wind speed at nominal speed and at Cp max has been set to 30 m/s')
end
rated_omegar=1.2;
omegar = rated_omegar;
K1=lambda_CpMax/omegar*wind_speed_CpMax;

Prated=Pmec1*Nb_wt;
P_rated_omegar_theta_zero=0.75;

K2 = P_rated_omegar_theta_zero*Prated/(wind_speed_CpMax^3*CpMax);

K1_K2=[K1 K2];
```

图 3-17 K1、K2 参数计算方式

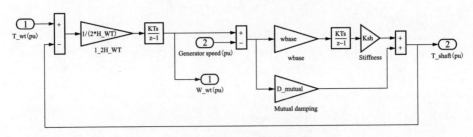

图 3-18 传动系统仿真模型

（3）异步发电机模型。该仿真模型中的发电机采用 Simulink 库中的标幺制的异步发电机 Asynchronous Machine pu Units，其在 Simulink 库中的位置在 Simscape-Power Systems-Specialized Technology-Machines，如图 3-20 所示。此异步发电机模型参数配置见图 3-21（a），其类型在 Configuration 中设定为 Wound 绕线式。第一栏 Nominal power，voltage（line-line）and frequency 分别为额定功率，额定线电压和额定频率；第二栏 Stator resistance and inductance 为定子电阻和阻抗；第三栏 Rotor resistance and inductance 为转子电阻和阻抗；第四栏 Mutual inductance 为定子与转子间的互感；第五栏 Inertia constant，friction factor，pole pairs 分别为惯性时间常数、摩擦因数、极对数；第六栏

Initial conditions 为电机的初始条件。上述各个参数的数值见图 3-21（b）。

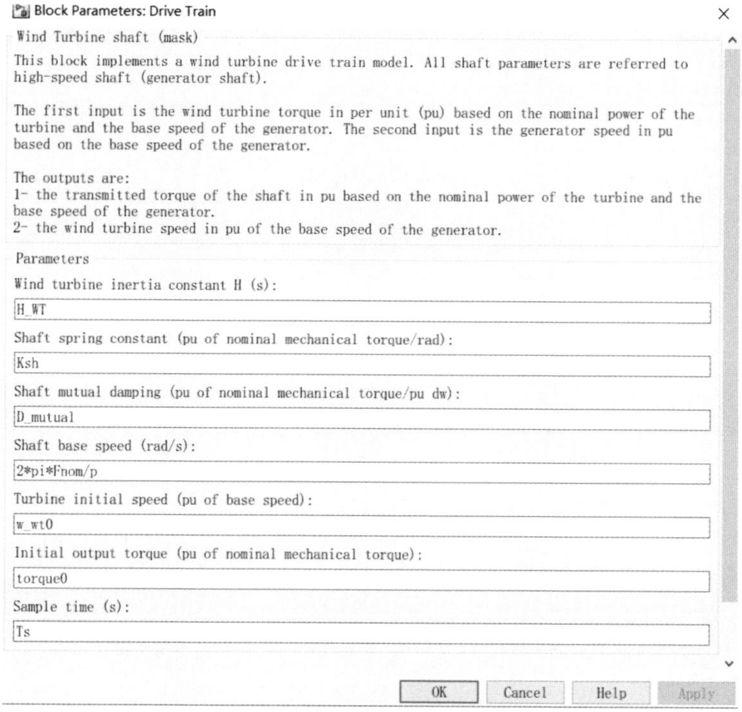

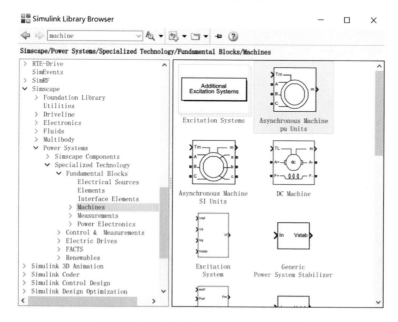

图 3-19 传动系统模型参数配置图

图 3-20 Simulink 中的异步发电机模型

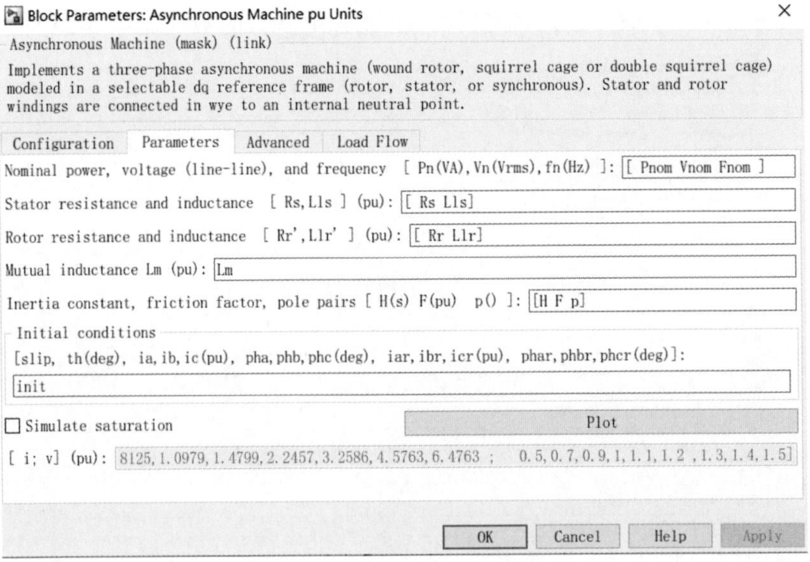

Block Parameters: Asynchronous Machine pu Units   ×

Asynchronous Machine (mask) (link)

Implements a three-phase asynchronous machine (wound rotor, squirrel cage or double squirrel cage) modeled in a selectable dq reference frame (rotor, stator, or synchronous). Stator and rotor windings are connected in wye to an internal neutral point.

Configuration | Parameters | Advanced | Load Flow

Nominal power, voltage (line-line), and frequency [Pn(VA), Vn(Vrms), fn(Hz)]: [Pnom Vnom Fnom]

Stator resistance and inductance [Rs,Lls] (pu): [Rs Lls]

Rotor resistance and inductance [Rr',Llr'] (pu): [Rr Llr]

Mutual inductance Lm (pu): Lm

Inertia constant, friction factor, pole pairs [H(s) F(pu) p()]: [H F p]

Initial conditions
[slip, th(deg), ia, ib, ic(pu), pha, phb, phc(deg), iar, ibr, icr(pu), phar, phbr, phcr(deg)]:
init

☐ Simulate saturation   Plot

[i; v] (pu): 8125, 1.0979, 1.4799, 2.2457, 3.2586, 4.5763, 6.4763 ; 0.5, 0.7, 0.9, 1, 1.1, 1.2 , 1.3, 1.4, 1.5]

OK | Cancel | Help | Apply

(a)

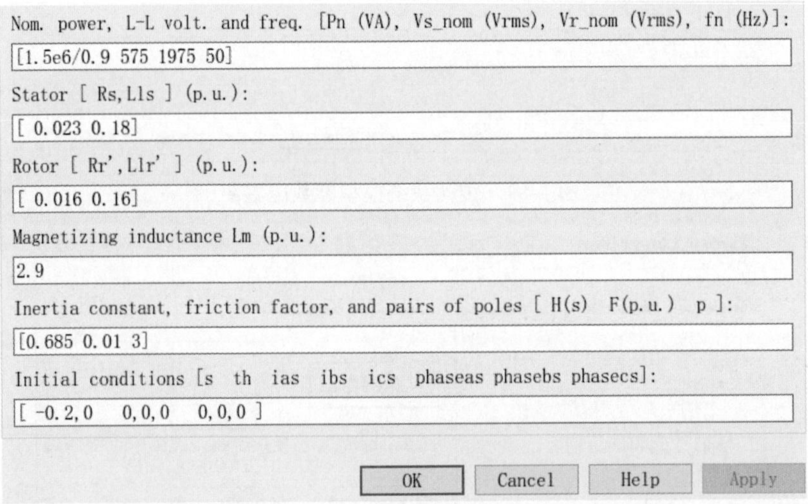

Nom. power, L-L volt. and freq. [Pn (VA), Vs_nom (Vrms), Vr_nom (Vrms), fn (Hz)]:
[1.5e6/0.9 575 1975 50]

Stator [Rs,Lls] (p.u.):
[0.023 0.18]

Rotor [Rr',Llr'] (p.u.):
[0.016 0.16]

Magnetizing inductance Lm (p.u.):
2.9

Inertia constant, friction factor, and pairs of poles [H(s) F(p.u.) p]:
[0.685 0.01 3]

Initial conditions [s th ias ibs ics phaseas phasebs phasecs]:
[-0.2,0 0,0,0 0,0,0]

OK | Cancel | Help | Apply

(b)

图 3-21 异步发电机参数配置界面

（a）异步电机参数配置图；（b）异步电机参数图

（4）"背靠背"变流器模型。"背靠背"变流器采用基于 RT-LAB 平台里的变流器模型，其在 Simulink 库中的位置是 RTE-Drive-Power Electronics，参数配置界面如图 3-22 所示，第一栏 Number of bridge arms 为变流器桥臂的数量；第二栏 Voltage output data type 为电压输出数据类型，在此处选择 SimPowerSystem PM（mean model）；第三栏为变流器电阻值 Ron，将其设定为 1×10^{-4}（1e-4）；第四栏为 Forward voltage 为正向电压 Vf；第五栏 Maximum number of events 为最大事件数，将其设定为 4。"背靠背"变流器分为机侧变流器和网侧变流器，由于两个变流器参数配置一致，故在此仅介绍一个变流器参数配置。

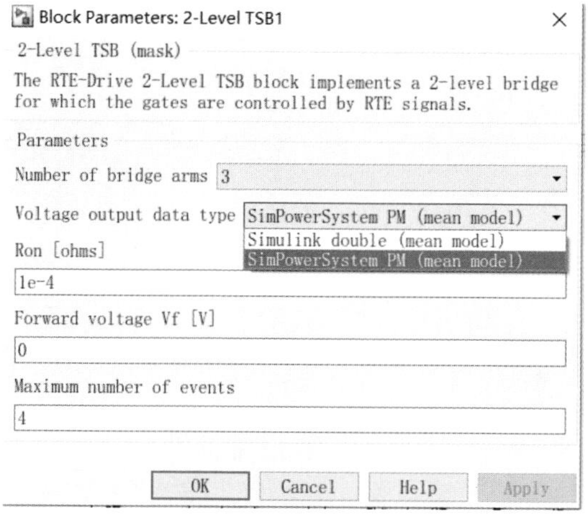

图 3-22　变流器参数配置图

（5）直流电容模型。电容器采用 Simulink 库中的 Series RLC Branch 模块，其位于 Simulink 库中的 Simscape-Power Systems-Specialized TechnologyElements，其参数配置界面如图 3-23 所示，第一栏 Branch type 为串联类型，在此栏中选择电容 C；第二栏 Capacitance 为电容器的容量，将其值设定为 10000×10^{-6}（10000e-6）；勾选 Set the initial capacitor voltage，在第三栏 Capacitor initial voltage 中，设置电容的初始电压为 1150V；第四栏 Measurements 测量方式选择 Branch voltage。

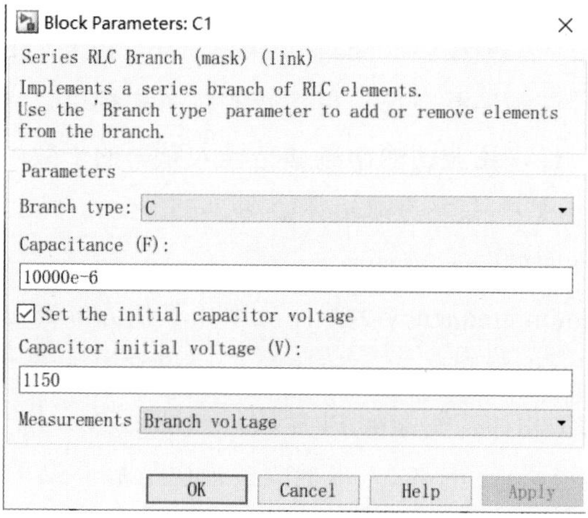

图 3-23　直流电容参数配置图

（6）双馈风机拓扑模型。搭建如图 3-24 所示的双馈风机拓扑结构模型，主要包括异步发电机模型、变流器模型、直流电容模型、三相滤波电阻电感模块等。若要使整个风机拓扑结构能够正常运行，则变流器的触发即控制方式是必不可少。故下文将进行桨距角控制、机侧变流器和网侧变流器控制方式搭建的介绍。

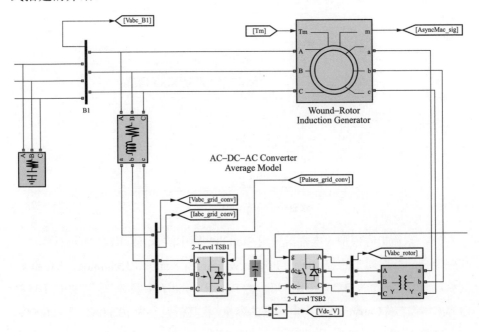

图 3-24　双馈风机拓扑模型图

3.4.1.2　双馈风机控制器搭建

（1）锁相环模块。锁相环（phase locked loop，PLL）主要特点是利用外部输入的控制信号控制环路内部振荡信号的频率和相位，它能将输出频率锁定在与输入频率一样，还能使输出频率是输入频率的倍数，实现对输入信号的调制。在 Simulink 中搭建的锁相环如图 3-25 所示，将其封装后进行参数配置，参数配置界面如图 3-26 所示。

第一栏 Minimum frequency 为最小频率，其值为 0.75×50=37.5Hz；第二栏 Initial inputs 为相位和频率的初始输入，将其设定为 [0 50]；第三栏 Regulator gains 为锁相环控制器的 PI 参数，分别设定为 [5 3.2 1 50]。

（2）坐标变换模块。图 3-27 坐标变换模块是基于式（3-40）的 Park 变换矩阵进行搭建的，其作用主要是将在三相静止 abc 坐标系下的电压或电流信号转换为旋转 dq 坐标系下的电压和电流。

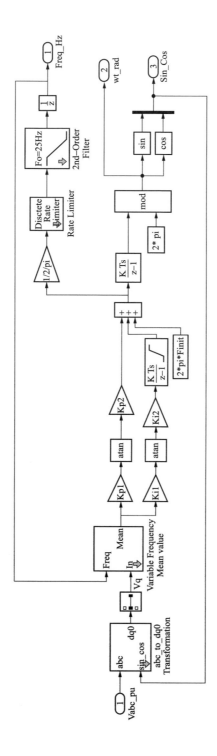

图 3-25 锁相环模块结构图

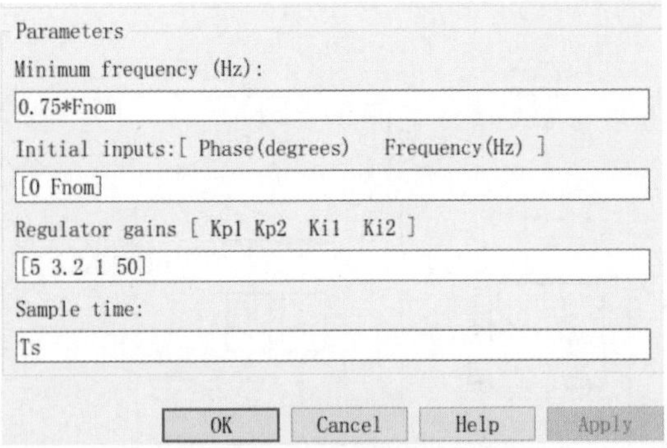

图 3-26　锁相环参数配置图

（3）功率计算模块。图 3-28（a）所示模块通过滤波后，采样得到的电压电流值进行正序有功无功功率的计算，将计算出的功率值通过图 3-28（b）进行进一步转换，最终转换为有功无功功率测量值的标幺值形式。

（4）桨距角控制模型。桨距角控制模型如图 3-29 所示，桨距角所采用的控制方式是图 3-29（b）中所提到的以发电机的转子转速 ω_r 与参考转速 ω_{ref} 的差值作为输入，由 PI 控制器计算桨距角调节的目标值，并且该控制也采用了图 3-29（a）中提出的以实际有功功率标幺值 P_e 与参考有功功率 P_{ref} 的差值作为输入，送入 PI 控制器，作为桨距角控制的补偿项。此外在该控制模型中还包括一个电磁转矩的控制，即以发电机的转子转速 ω_r 与参考转速 ω_{ref} 的差值作为输入，送入 PI 控制器，可得到电磁转矩输出信号。

（5）转子侧变流器控制模型（见图 3-30）。转子侧变流器外环控制 d 轴以桨距角控制器中输出的电磁转矩与定子磁通漏感结合作为输入，得到 d 轴转子电流的参考值，q 轴以实际无功功率与参考无功功率作差送入 PI 控制器得到 q 轴转子电流参考值。内环控制以转子电流实际值与参考值作差送入 PI 控制器，结合计算出的电压前馈补偿项得到转子侧变流器的 d、q 轴电压，最后经过坐标变换转换为变流器的三相电压。

（6）网侧变流器控制模型（见图 3-31）。网侧变流器外环控制为直流电压控制，以直流电压参考值 1150V 与直流电压实际值作差送入 PI 控制器得到 d 轴电流参考值。内环为电流环控制，d、q 轴电流的实际值与参考值作差，结合网侧滤波器的电阻电感的电压压降及网侧电压值作为电流环 PI 控制器的输入，得到网侧变流器的 d、q 轴电压，经过坐标变换最后得到网侧变流器的三相电压。

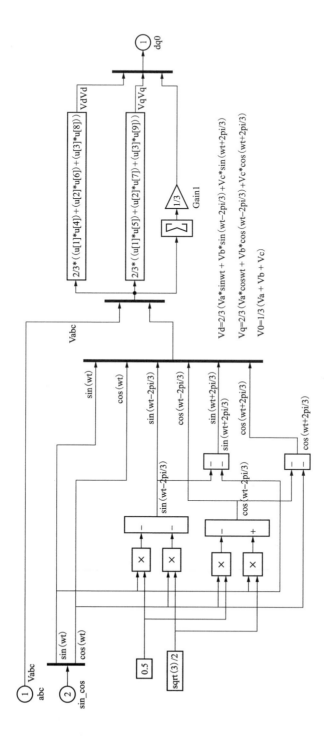

图 3-27 坐标变换模块

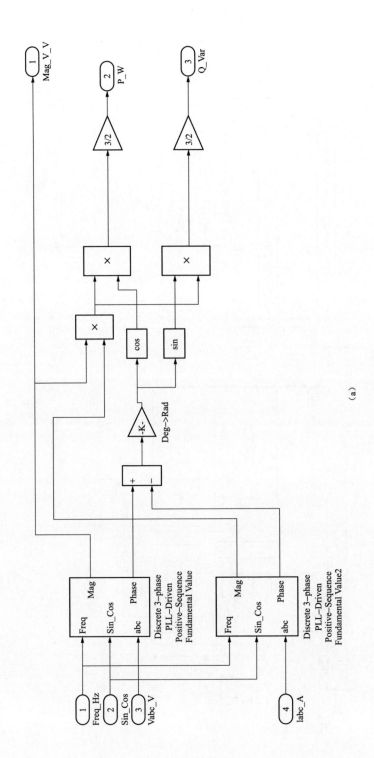

图 3-28 功率计算模块（一）

(a) 三相锁相环驱动的正序有功无功功率计算模块

(a)

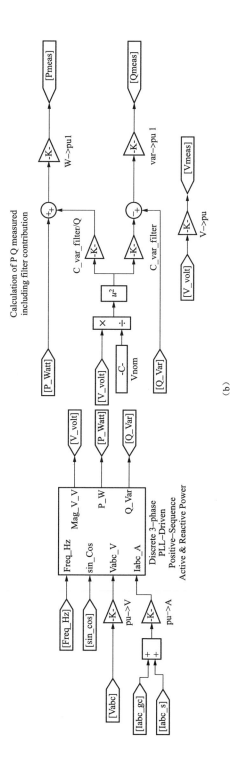

图 3-28 功率计算模块（二）

（b）有功无功测量值的计算

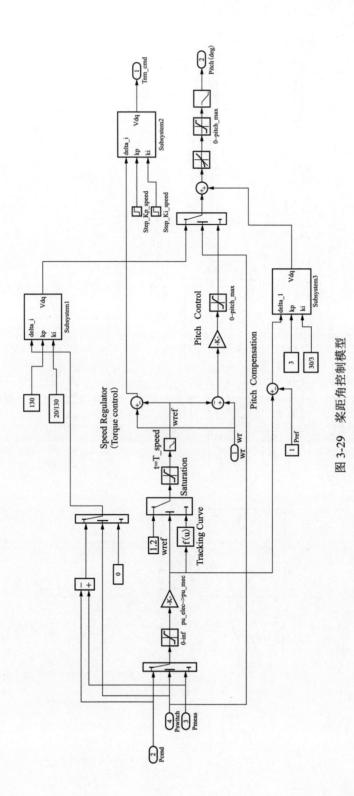

图 3-29 桨距角控制模型

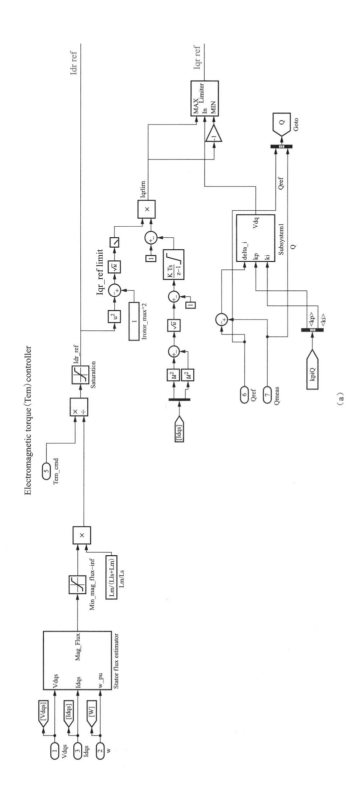

图 3-30 转子侧变流器控制模型 (一)

(a) 转子侧控制器外环控制

(a)

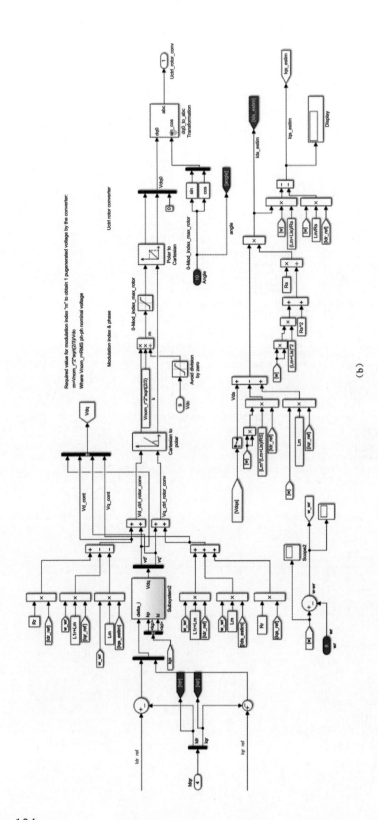

图 3-30 转子侧变流器控制模型 (二)

(b) 转子侧控制器内环控制

（7）整体控制部分模型。整体控制部分模型如图 3-32 所示，该部分包括上述介绍的全部控制模型（包括锁相环与坐标变换），此外还包括驱动变流器工作的空间矢量脉宽调制（space vector pulse width modulation，SVPWM）信号，网侧变流器的开关频率设置为 2700Hz，机侧变流器的开关频率设置为 1620Hz，图中的 MATLAB Function 是用来将三相静止坐标 *abc* 转换为两相静止坐标。

3.4.1.3 双馈风机 RT-LAB 模型

将上述所搭建的双馈风机的全部模型封装在如图 3-33 所示的 SM 模块内部的 DFIG Wind Turbine 模块内。该风机模型不仅可以在风机模型中利用 CPU 进行控制，还可以将信号从 OP5600 仿真机传输到 OP8665 仿真机中利用 DSP 进行控制，在进行信号的传输过程中，需要利用 RT-LAB 中的板卡控制模块进行实现。

OpCtrl OP5142EX1 为板卡控制模块，其模块配置如图 3-34 所示，第一栏 Controller Name 为板卡的控制器名，配置为'OP5142EX1 Ctrl'；第二栏 Board ID 设定为 0；第三栏 Bitstream FileName 为 Bin 文件名，配置为 OP5142_1-EX-0000-2_1_3_57-OP5142_8DIO_8TSDIO_6QEIO_16AIO-01-01.bin；第四栏 Synchronization mode 为同步模式选择 Master。

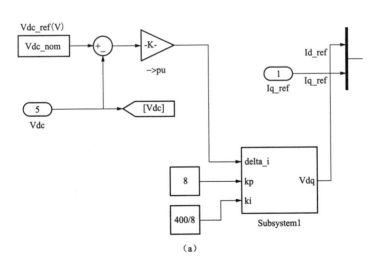

图 3-31　网侧变流器控制模型（一）

（a）网侧控制器外环控制

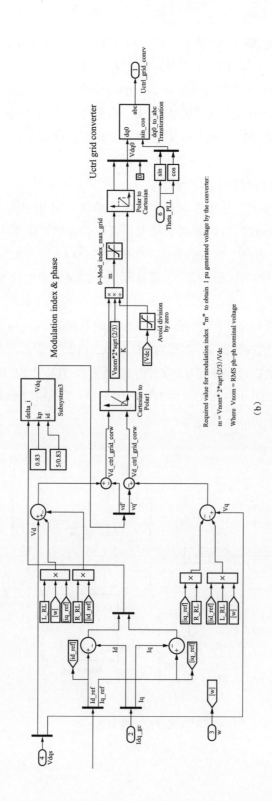

图 3-31　网侧变流器控制模型（二）

（b）网侧控制器内环控制

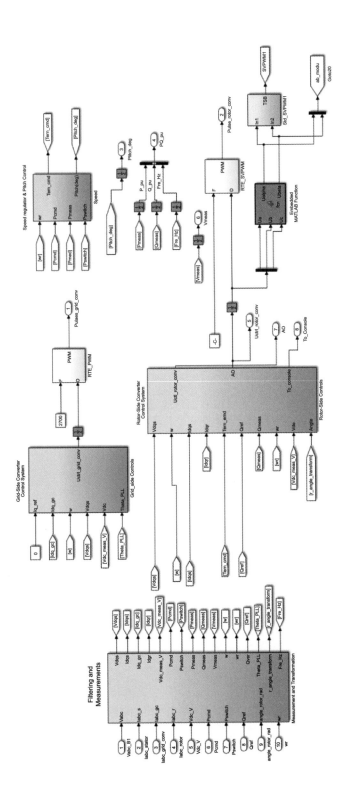

图 3-32 整体控制部分模型

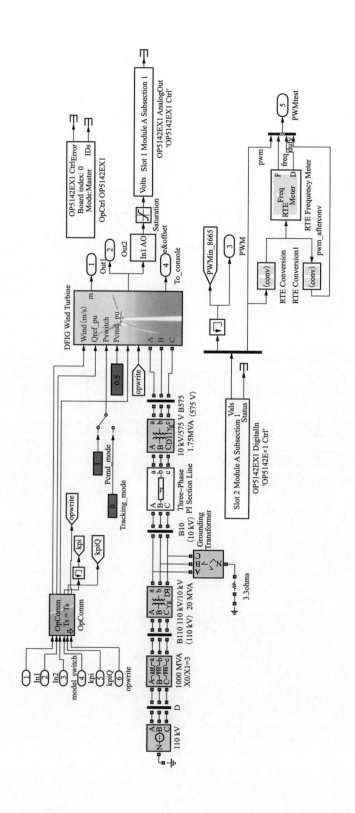

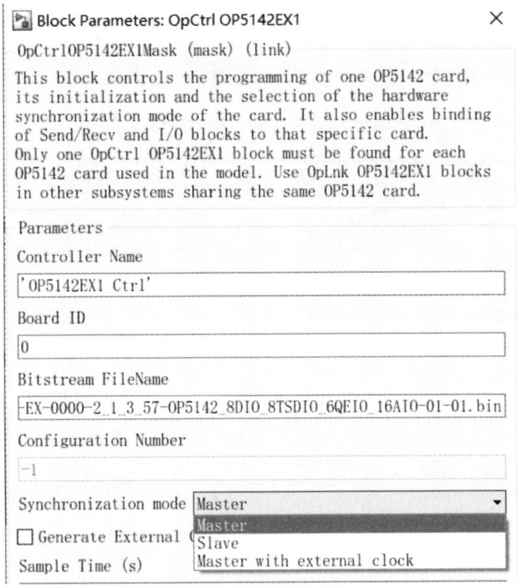

图 3-34　板卡控制模型配置界面

OP5142EX1 AnalogOut 为模拟量输出（Analog Out，AO）模块，其配置界面如图 3-35 所示，Controller Name 为控制器名与板卡控制模块配置的名一致，故为 OP5142EX1 Ctrl；Number of AOut channels 为 AO 通道数，将其配置为 8 是由于有 8 路信号输出，其具体的 8 路信号会在下文中提到；Voltage range 为电压幅值范围，选择 [−16…16]。

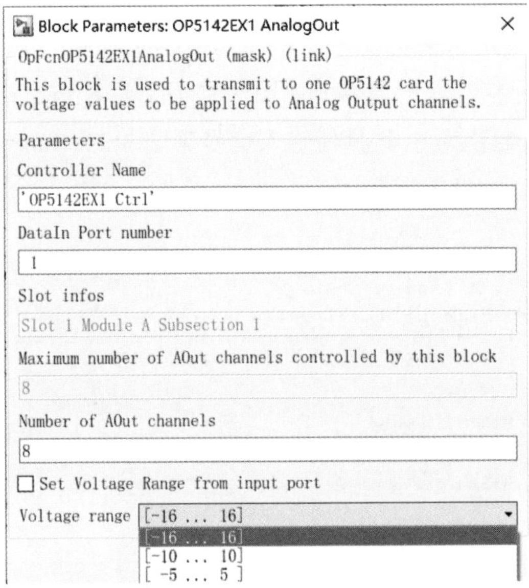

图 3-35　AO 模块配置界面

OP5142EX1 DigitalIn 为数字量输出（Digital In，DI）模块，其配置界面如图 3-36 所示，Controller Name 为控制器名与板卡控制模块配置的名一致，故为 OP5142EX1 Ctrl；Number of DIn channels 为 DI 通道数，将其配置为 7 是因为 OP8665 的 DSP 控制产生的 6 路 PWM 信号加 1 路 PWM 测试信号；Sample Time 采用时间设定为 0。

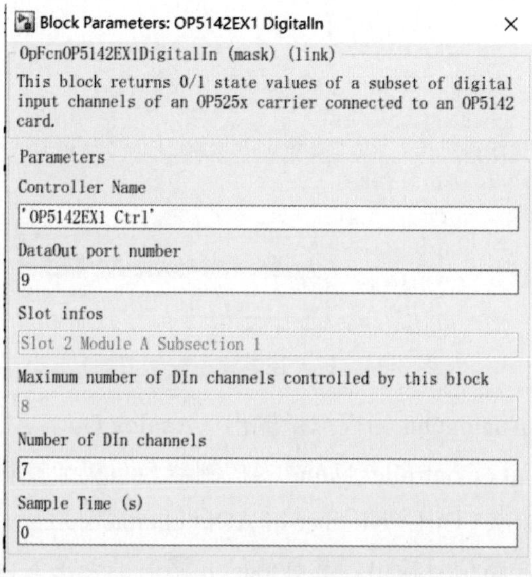

图 3-36 DI 模块配置界面

OpComm 模块是用来实现各个实时运算系统之间、实时运算系统和非实时子系统之间的通信，其配置界面如图 3-37 所示，Number of inpouts 为输入信号的数量，将其配置为 6，其具体输入信号见图 3-33；SubSystem sample time 为子系统采样时间，设定为 0。

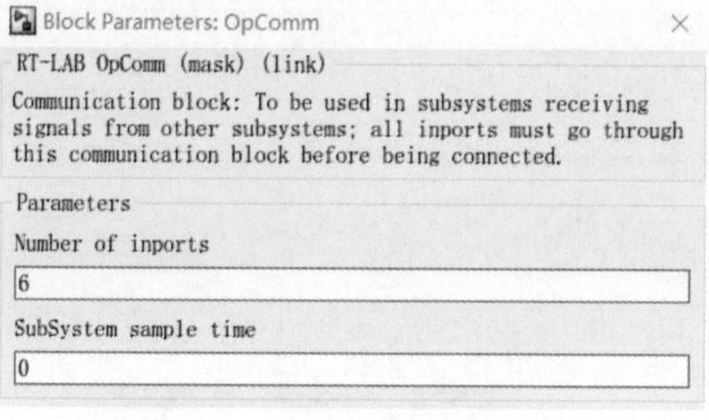

图 3-37 OpComm 模块配置界面

图 3-38 部分主要是对电机转子侧变流器电路的输入部分进行处理，在原控制信号（CPU 控制）的基础上，增加从 OP8655 模型中输入 PWM 信号（DSP 控制）的模块，实现在模型运行时在 SC 中可以对两者进行切换。

（1）SC 模块。SC 模块主要包括信号观测模块和指令下发模块，其模型内部结构如图 3-39 所示。

最后将双馈风机主电路及其控制电路封装到 SM 子系统中，将双馈风机的指令下发模块以及信号观测模块封装到 SC 子系统中。双馈风机整体仿真系统的顶层结构如图 3-40 所示，主要包括 SM_DFIG 子系统和 SC_Scope 子系统。

（2）OP8665 模型。基于双馈风电控制系统 Simulink 模型中的电机转子侧控制策略，在 Simulink 中结合 TI C2000 的库元件和函数建立发电机转子控制 OP8655 模型，所搭建的 DSP 控制模型与采用 CPU 控制搭建的模型运算部分基本一致，如图 3-41 所示，其中 ADC 为模拟量输入模块，采集电机电流、转速和电角度等信息，共有 8 路信号，信号来自 OP5600 模型中的模拟量输出的 8 路信号，ePWM 为 PWM 输出模块。

图 3-42 为第一个模拟量通道输入的换算模块，FM28335 的 ADC 为 12 位 bit，0～3V，OP8665 模拟量输入通道的信号调制比为 4.74。模拟量的换算比例值和偏移量的设定首先需结合实际物理量的变化范围，其次应遵循"获得最大信号分辨率"的原则，并保持控制器侧和 HIL 侧相对应。

图 3-43 为 ePWM 模块内部配置，Time period 为配置周期，将其设定为 46296，换算成频率约为 1620Hz。

3.4.1.4　双馈风机仿真波形

（1）稳态运行下的各波形。按上述步骤搭建好双馈风机仿真模型后进行实验，首先使双馈风机模型工作在正常稳定状态下，双馈风机仿真模型的电压、电流和功率波形分别如图 3-44～图 3-49 所示。

（2）低电压穿越下的波形。电网在 4s 时发生三相电压跌落，跌落程度为 50%，4.2s 时恢复，此低电压穿越过程下的各电压、电流、功率波形如图 3-50～图 3-52 所示。从图 3-51 可以看出，电压跌落 50%时，为实现低电压穿越，风机有功功率降为 0.5（标幺值），且向电网输送的无功功率为 0.2（标幺值），低电压穿越结束后，无功恢复稳态的速度比有功功率要快，这是因为在低电压穿越过程中启动 Crowbar 保护装置，去消耗输出过剩的有功功率。从图 3-52 可看出，在发生低电压穿越期间，转子电流会瞬间增大，这种瞬时的冲击会对电子器件造成损坏，故需启动 Crowbar 保护装置，去降低转子电流的冲击。

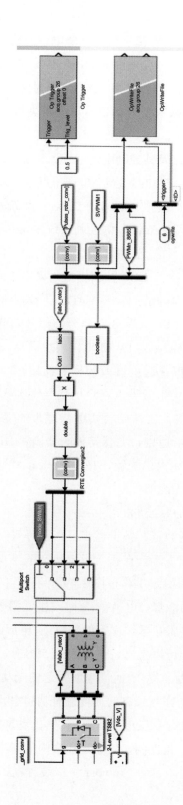

图 3-38　转子侧变流器控制

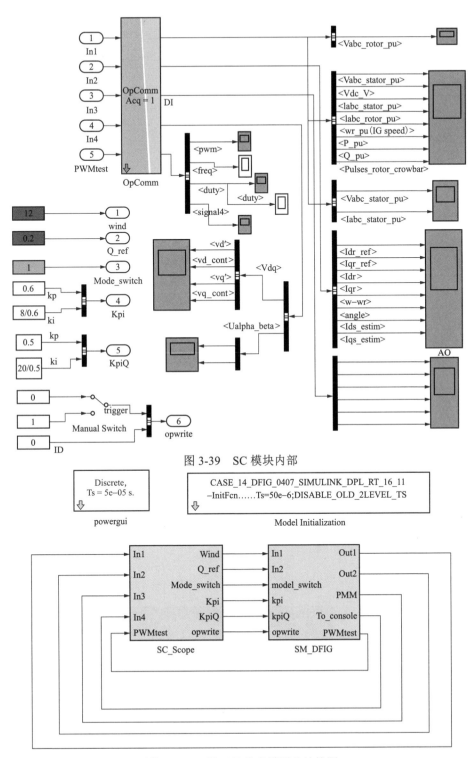

图 3-39　SC 模块内部

图 3-40　双馈风机仿真模型总结构图

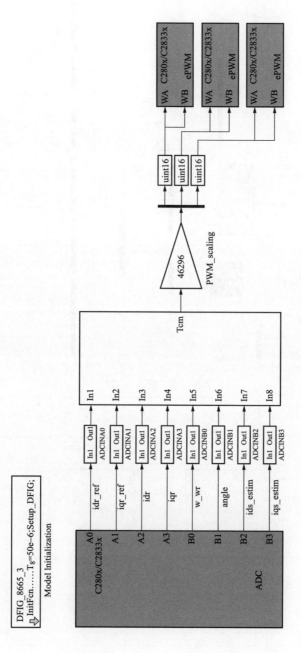

图 3-41 OP8665 模型

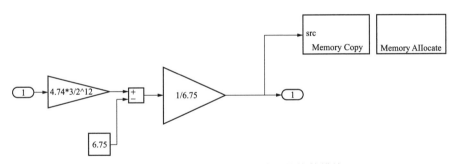

图 3-42 第一个模拟量通道输入的换算模块

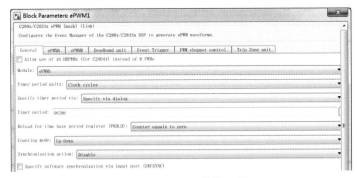

图 3-43 ePWM 模块配置

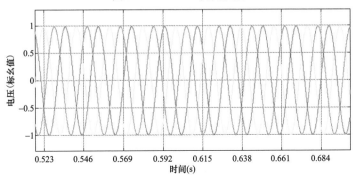

图 3-44 定子电压波形

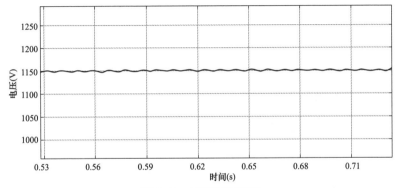

图 3-45 直流电压波形

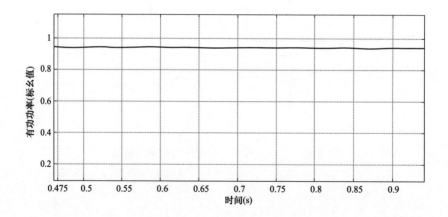

图 3-46　有功功率波形

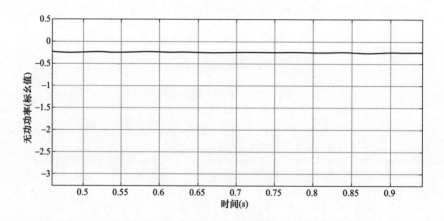

图 3-47　无功功率波形

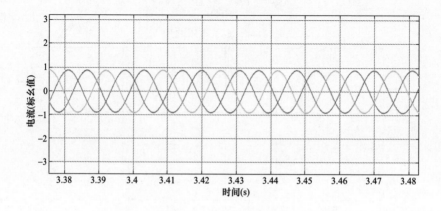

图 3-48　定子电流波形

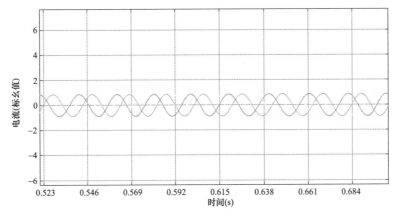

图 3-49　转子电流波形

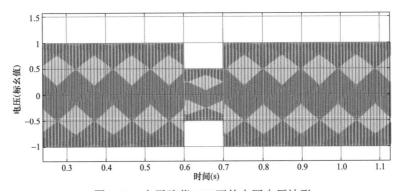

图 3-50　电压跌落 50%下的电网电压波形

电网在 4s 时发生三相电压跌落，跌落程度为 70%，4.2s 时恢复，此低电压穿越过程下的各电压、电流、功率波形如图 3-53～图 3-55 所示。在图 3-54 中电网电压跌落 70%，低电压穿越期间，风机有功功率降为 0.3（标幺值），且向电网输送的无功功率为 0.3（标幺值），与电压跌落 50%比较可看出电压跌落程度越大，功率和电流产生的冲击就越大。

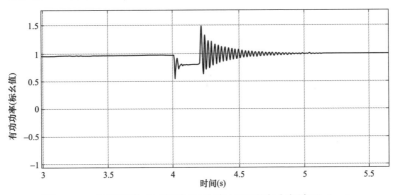

图 3-51　电压跌落 50%下的有功功率和无功功率波形（一）

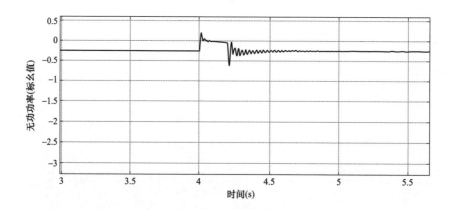

图 3-51　电压跌落 50%下的有功功率和无功功率波形（二）

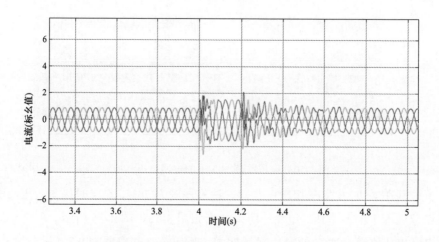

图 3-52　电压跌落 50%下的转子电流波形

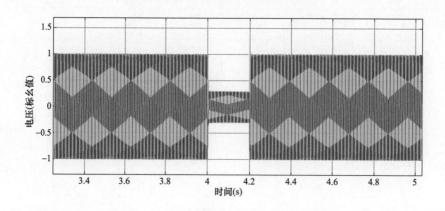

图 3-53　电压跌落 70%下的电网电压波形

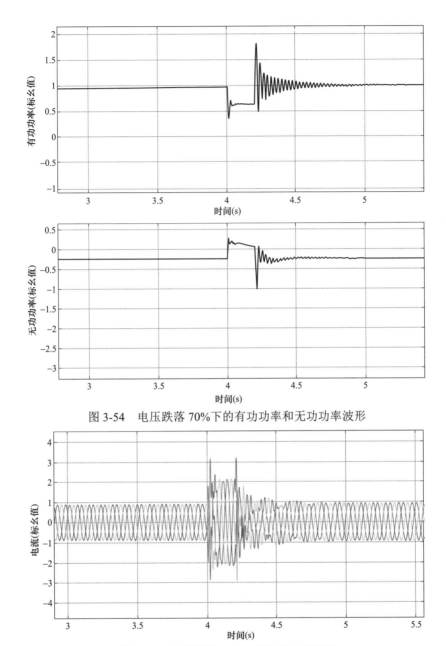

图 3-54　电压跌落 70%下的有功功率和无功功率波形

图 3-55　电压跌落 70%下的转子电流波形

3.4.2　直驱永磁同步风机建模

3.4.2.1　直驱风机基本结构搭建

（1）风力机模型（见图 3-56）。直驱风机的风力机仿真模型采用的是 6 参数的风能利用系数方程，其形式为

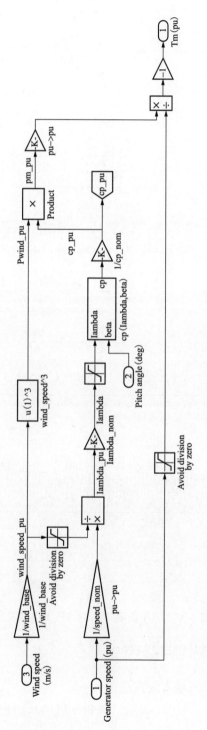

图 3-56　风力机模型

$$C_p(\lambda, \beta) = c_1\left(\frac{c_2}{\lambda_i} - c_3\beta - c_4\right)e^{\frac{-c_5}{\lambda_i}} + c_6\lambda \qquad (3\text{-}81)$$

$$\frac{1}{\lambda_i} = \frac{1}{\lambda + 0.08\beta} - \frac{0.035}{\beta^3 + 1} \qquad (3\text{-}82)$$

其中 $c_1 \sim c_6$ 在仿真模型中的取值如图 3-57 所示。

	1	2	3	4	5	6
1	0.5176	116	0.4000	5	21	0.0068

图 3-57 $c_1 \sim c_6$ 的取值

依据式（3-81）与式（3-82）在仿真模型中搭建的风能利用系数的计算如图 3-58 所示。

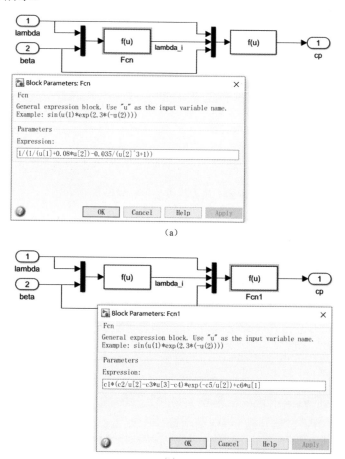

（a）

（b）

图 3-58 风能利用系数的仿真模型

（a）λ_i 计算公式；（b）C_p 计算公式

搭建的风力机仿真模型如图 3-56 所示，将该模型封装后进行参数配置，其参数配置界面如图 3-59 所示。第一栏 Nominal mechanical output power 为额定机械输出功率 Pm_n，配置为 1500000；第二栏 Base power of the electrical generator 为发电机基准功率 Pe_base，设置为 1666666.667；第三栏 Base wind speed 为基准风速 Wspeed_base，设置为 12；第四栏 Maximum power at base wind speed 为基准风速下的最大功率（标幺值）Pm_max，设置为 0.9；第五栏 Base rotational speed 为基准转速（标幺值）Speed_nom，设置为 1；第六栏 Pitch angle beta to display wind-turbine power characteristics 为风力机的功率特性桨距角，设置为 0。

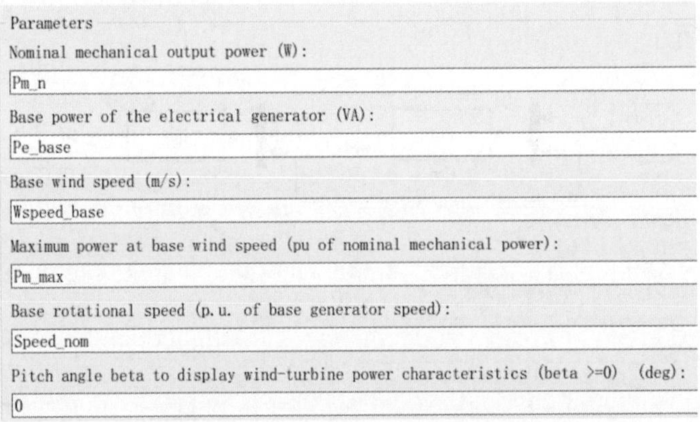

图 3-59　风力机模型参数配置界面

（2）永磁同步发电机模型。该仿真模型中的发电机采用 Simulink 库中的永磁同步发电机 Permanent Magnet Synchronous Machine，其在 Simulink 库中的位置在 Simscape-Power Systems-Specialized Technology-Machines，参数配置界面如图 3-60 所示。

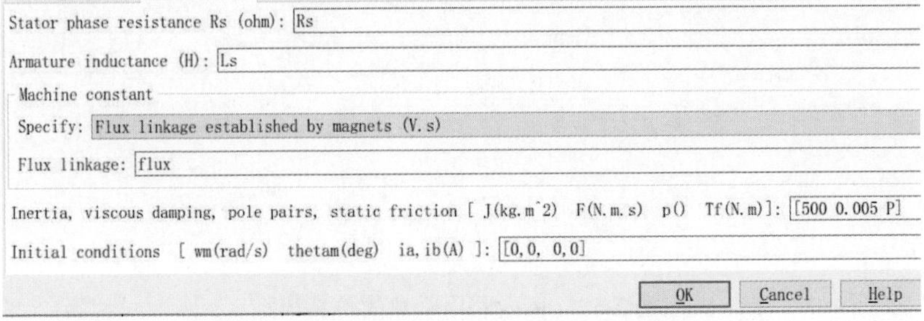

图 3-60　永磁同步发电机参数配置界面

以风力机模型中输出的机械转矩 T_m 作为永磁同步发电机的输入，故在 Configuration 一栏中的机械输入 Mechanical input 选择转矩输入 Torque T_m。参数配置界面第一栏 Stator phase resistance 为定子侧电阻 Rs，将其设定为 0.0005Ω；第二栏 Armature inductance 为电枢电感 Ls，将其设定为 0.000635H；第三栏 Machine constant 为电机常数，在 Specify 选择 Flux linkage established by magnets 即由磁铁建立的磁链，Flux linkage 为磁链 flux，将其设定为 4.55；第四栏 Inertia，viscous damping，pole pairs，static friction 分别为惯量、黏性阻尼、极对数、静摩擦转矩，将其设定为［500 0.05 16 0］；第五栏 Initial conditions 为初始条件，将其设定为［0 0 0 0］。

（3）变流器模型。变流器仿真模型采用 Simulink 库中的通用电桥 Universal Bridge，其在 Simulink 库中的位置在 Simscape-Power Systems-Specialized Technology-Power Electronics，如图 3-61 所示。

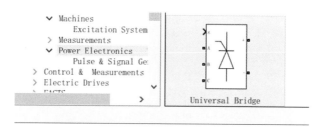

图 3-61　Simulink 库中的变流器模型

变流器参数配置界面如图 3-62 所示，第一栏 Number of bridge arms 为桥臂数量，选择 3 个桥臂；第二栏 Snubber resistance 为回路电阻 Rs，将其设定为 $1×10^5$（1e^5）Ω；第三栏 Snubber capacitance 为回路电容 Cs，将其设定为 inf；第四栏 Power Electronic device 为选择电力电子器件，选择 IGBT/Diodes；第五栏 Ron 为变流器电阻值，设定为 $1×10^{-3}$（1e^{-3}）Ω；第六栏 Forward voltages 为正向电压，将其设定为［0 0］。机侧变流器与网侧变流器参数设置相同，故在此仅介绍一次即可。

（4）直流电容模型。直驱风机采用的电容器模块与双馈风机相同，区别在于参数配置。直驱风机的电容器参数配置如图 3-63 所示，其 Capacitance 为容量，将其设定为 0.015F；并勾选 Set the initial capacitor voltage 为电容器设置初始电压；Capacitor initial voltage 为电容的初始电压，将其设定为 1500V。

（5）滤波模型。在此直驱风机仿真模型中，机侧采用 RL 滤波电路，网侧采用电感 L 滤波电路，机侧滤波电路参数配置如图 3-64（a）所示。

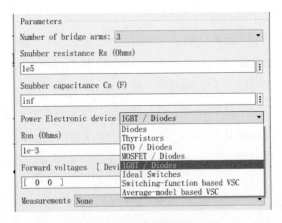

图 3-62　变流器参数配置界面

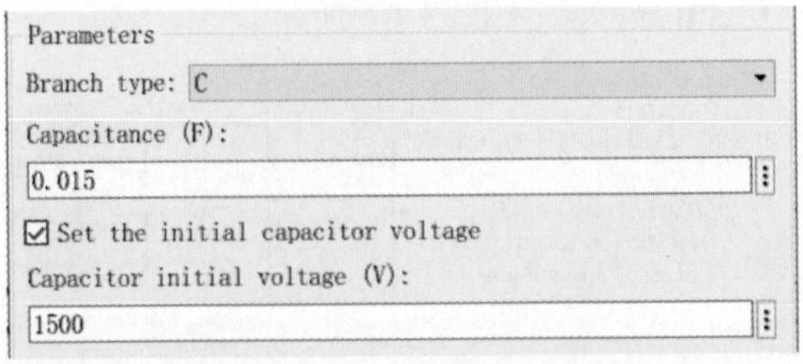

图 3-63　电容器参数配置界面

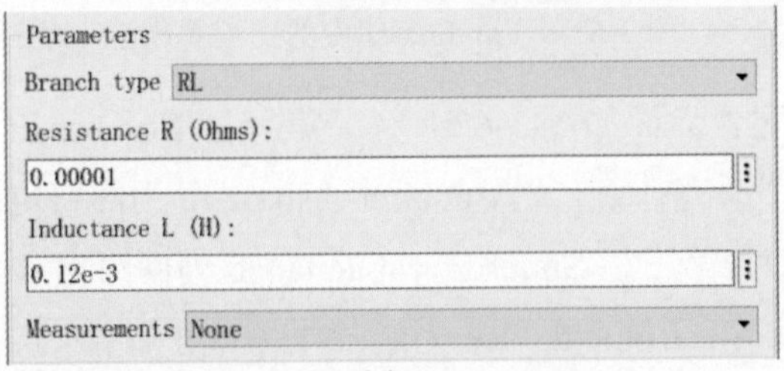

（a）

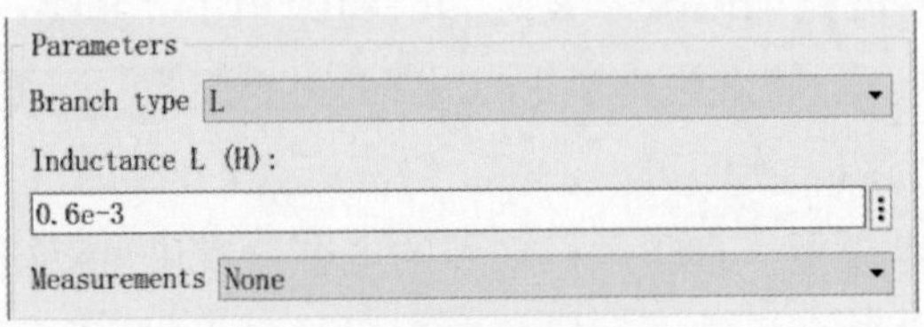

（b）

图 3-64　滤波器参数配置界面

（a）机侧滤波器；（b）网侧滤波器

（6）电机输出信号模块（见图 3-65）。该模块是为了获取永磁同步电机输出的转子转速 wr、电磁角度 mec_angle 及对应的转子电角度 esin_cos。

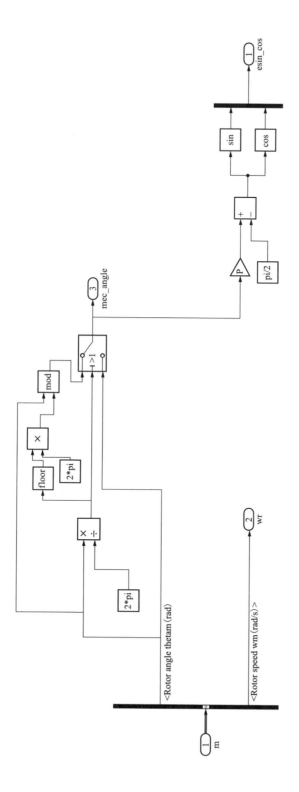

图 3-65　电机输出信号模块

（7）电网侧电源模块。该部分基于受控电压源搭建了如图 3-66 所示的等效电网电源，其输出电压幅值为 690/sqrt(3)*sqrt(2)=563.38V。

（8）直驱风机拓扑模型图。利用上述介绍的风力机模块、永磁同步发电机模块、变流器模块及滤波电路模块等搭建了如图 3-67 所示的直驱风机拓扑结构模型，若要使整个风机拓扑模型能够并网正常运行，则变流器的工作方式是必不可少，故下文将介绍机侧变流器与网侧变流器的控制模型。

3.4.2.2 直驱风机控制器搭建

（1）机侧变流器控制模型。机侧变流器控制模型如图 3-68 所示，外环采用转速控制，以风速的 1/3 作为转速的参考值，与转子转速实际值作差送入 PI 控制器，得到 q 轴电流的参考值。由图 3-69 中 Park 变换得到的 d、q 轴电流与外环控制器得到的电流参考值作差送入电流内环 PI 控制器得到 d、q 轴电压的参考值，再结合电压前馈补偿项最终得到 d、q 轴电压。

将从机侧变流器控制模型中得到的 d、q 轴电压用图 3-70 的反 Park 变换模型得到三相静止坐标系下的 abc 三相电压，将三相电压送入 PWM 发生器驱动机侧变流器工作，PWM 发生器采用 Simulink 库中的 PWM Generator（2-Level），将其开关频率设置为 4000Hz；在图 3-70 中经过坐标变换将 d、q 轴电压转换为两相静止 α、β 坐标系，将两相静止坐标系下的 Ualpha_beta，送入 Std_SVPWM 模块实现空间矢量脉宽调制（SVPWM），最终机侧变流器的驱动信号是 PWM 还是 SVPWM 取决于 From 模块（PWMswitch），该模块的指令是在 SC 模块下发的，该指令在后续介绍 SC 模块时会提到。

（2）网侧变流器控制模块。如图 3-72 所示的锁相环模块是用来获取电网电压的相位 theta_a，锁相环控制器的比例、积分系数分别为 133.29、25123.91，锁相环模块中还包括一个 Park 坐标变换模块。

网侧变流器控制模型如图 3-73 所示，外环为直流电压控制，以直流电压实测值 Vdc 与直流电压参考值 1500V 作差送入 PI 控制器得到 d 轴电流的参考值；内环以从图 3-74 经 Park 变换得到的网侧变流器 d、q 轴的电流与网侧变流器 d、q 轴电流的参考值作差送入电流内环 PI 控制器得到网侧变流器 d、q 轴电压的参考值，再结合网侧滤波电路的电感的电压压降即可得到网侧变流器的 d、q 轴电压。

将从网侧变流器控制模型（见图 3-76）中得到的 d、q 轴电压用图 3-75 的反 Park 变换模型得到三相静止坐标系下的 abc 三相电压，将三相电压送入 PWM 发生器去驱动网侧变流器工作，PWM 发生器采用 Simulink 库中的 PWM Generator（2-Level），其参数配置界面如图 3-77 所示。

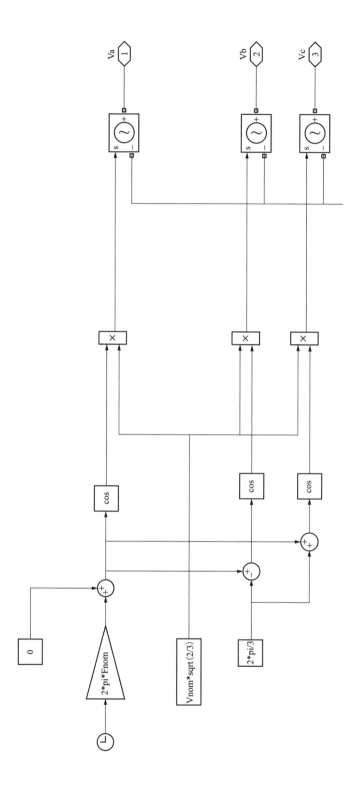

图 3-66　电网侧电源模块

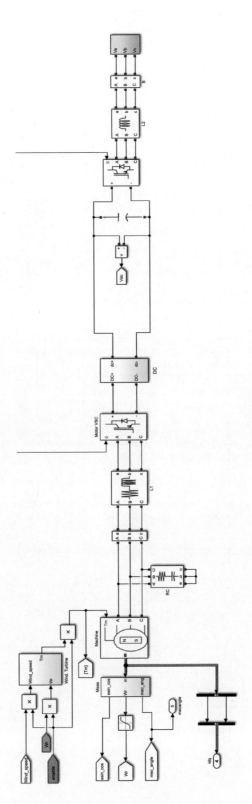

图 3-67 直驱风机拓扑模型图

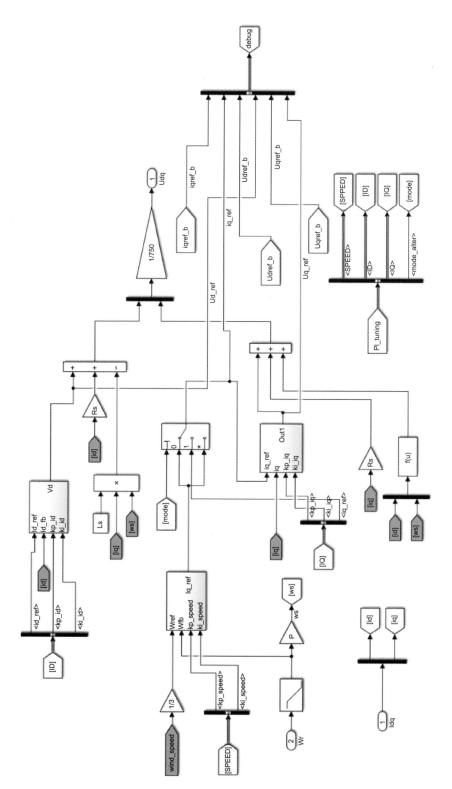

图 3-68 机侧变流器控制模型

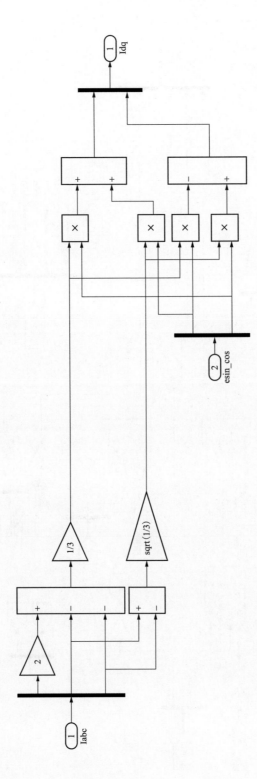

图 3-69　三相静止坐标到两相旋转坐标变换模型

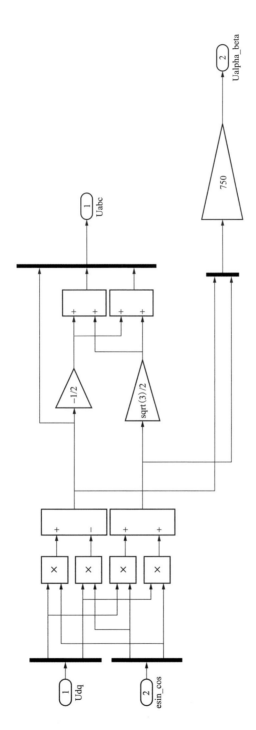

图 3-70　两相旋转坐标到三相（两相）静止坐标变换模型

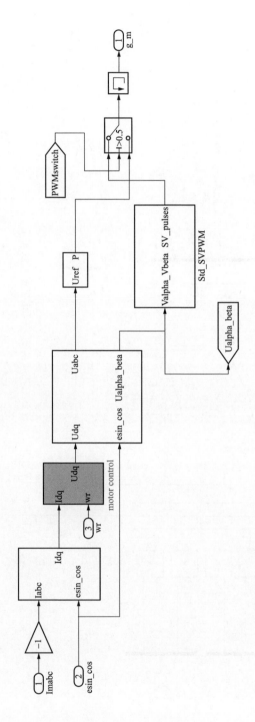

图 3-71　机侧变流器控制的整体模型

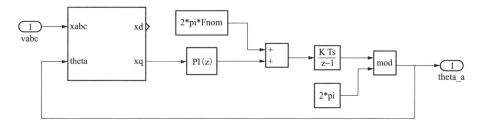

图 3-72　锁相环模块

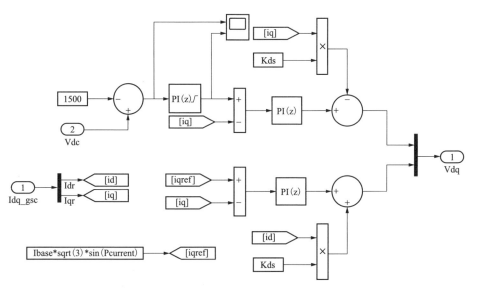

图 3-73　网侧变流器控制模型

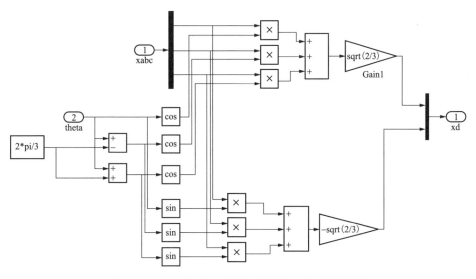

图 3-74　三相静止坐标到两相旋转坐标变换模型

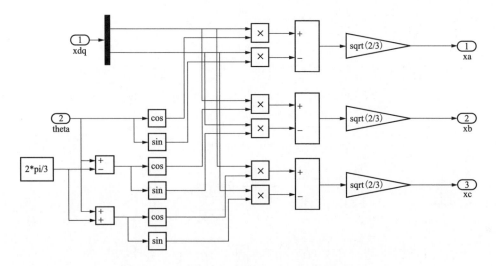

图 3-75 两相旋转坐标到三相静止坐标变换模型

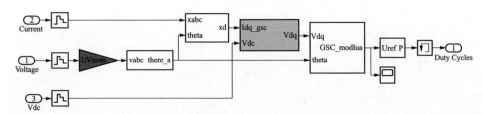

图 3-76 网侧变流器控制的整体模型

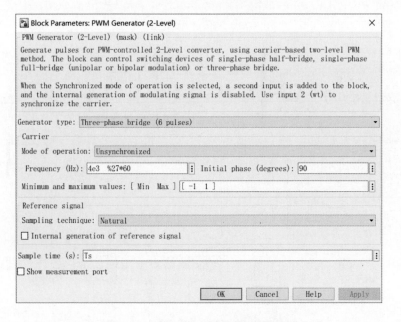

图 3-77 PWM 发生器参数配置界面

Generator type 为发生器的类型，在此选择 Three-phase bridge（6 pulses）；工作模式 Mode of operation 选择 Unsynchronized 即异步工作模式；Frequency 为开关频率，设置为 4000Hz；Initial phase 为初始相位，设置为 90°；Minimum and Maximum values 为幅值限制，设置为 [−1 1]；Sampling technique 为采样方式，默认自然采样 Natural；Sample time 为采样时间，设置为 2.5e-5。该 PWM Generator（2-Level）参数配置与机侧变流器的 PWM 发生器一致。

3.4.2.3 直驱风机 RT-LAB 模型

（1）SM 子系统模型。最终结合上述介绍的风机各个模型，搭建出的直驱风机如图 3-78 所示，封装成 SM 模块。直驱风机模型同样不仅可以在风机模型中利用 CPU 进行控制，还可以将信号从 OP5600 仿真机传输到 OP8665 仿真机中利用 DSP 进行控制，得到 DSP 的控制信号后再将其从 OP8665 仿真机传回 OP5600 仿真机后再对模型进行控制。在进行信号的传输过程中，需要利用 RT-LAB 中的板卡控制模块进行实现。故下面将对图 3-78 中的板卡模块配置进行介绍。

OpCtrl OP5142EX1 为板卡控制模块，其模块配置如图 3-79 所示，第一栏 Controller Name 为板卡的控制器名，配置为 'OP5142EX1 Ctrl' 与板卡名相对应；第二栏 Board ID 为板卡信息，设定为 0；第三栏 Bitstream FileName 为 Bin 文件名，配置为 OP5142_1-EX-0000-2_1_3_57-OP5142_8DIO_8TSDIO_6QEIO_16AIO-01-01.bin；第四栏 Synchronization mode 为同步模式选择 Master。

OP5142EX1 DigitalIn 为数字量输出（digital in，DI）模块，其配置界面如图 3-80 所示，Controller Name 为控制器名与板卡控制模块配置的名一致，故为 'OP5142EX1 Ctrl'；Number of DIn channels 为 DI 通道数，将其配置为 7 是因为 OP8665 的 DSP 控制产生的 6 路 PWM 信号加 1 路 PWM 测试信号；Sample Time 采样时间设定为 0。

OP5142EX1 AnalogOut 为模拟量输出（analog out，AO）模块，其配置界面如图 3-81 所示，Controller Name 为控制器名与板卡控制模块配置的名一致，故为 'OP5142EX1 Ctrl'；Number of AOut channels 为 AO 通道数，将其配置为 8 是由于有 8 路信号输出，其具体的 8 路信号会在 SC 模块中提到；Voltage range 为电压幅值范围，选择 [−16...16]。

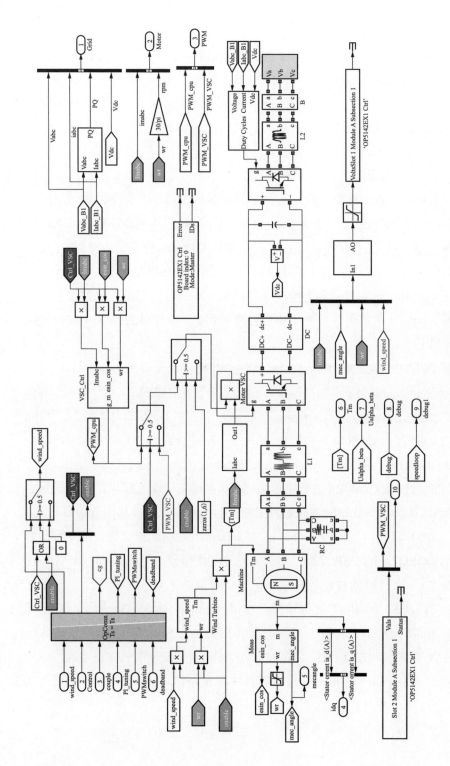

图 3-78　SM 内部结构

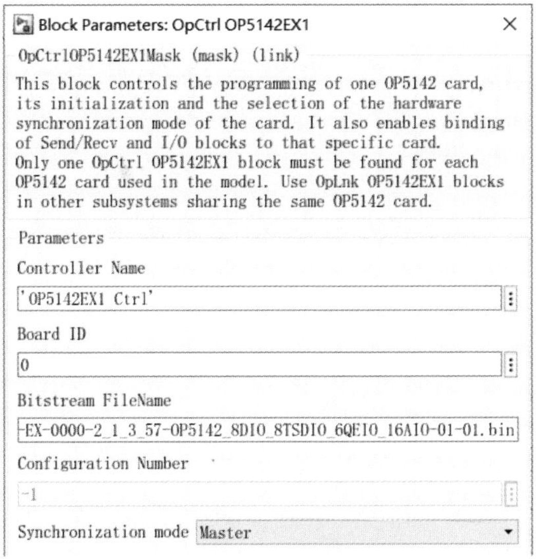

图 3-79　板卡控制模块配置界面

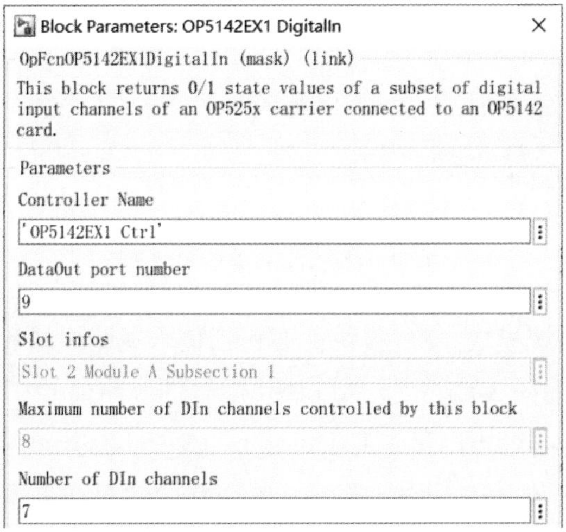

图 3-80　DI 板卡配置界面

OpComm 模块是用来实现各个实时运算系统之间、实时运算系统和非实时子系统之间的通信，其配置界面如图 3-82 所示，Number of inports 为输入信号的数量，将其配置为 6，分别为 wind_speed、Control、couple、PI_tuning、PWMswitch 及 deadband；SubSystem sample time 为子系统采样时间，设定为0。

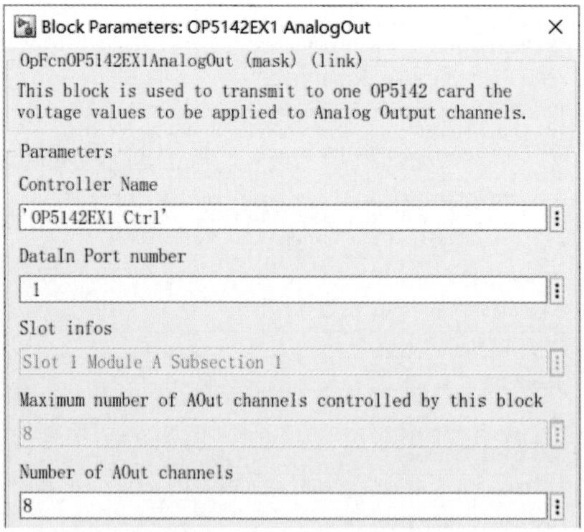

图 3-81 AO 板卡配置界面

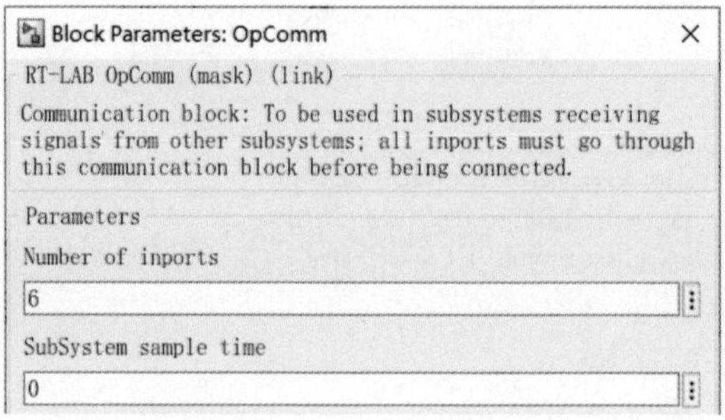

图 3-82 OpComm 模块配置界面

（2）SC 子系统模块。SC 模块主要包括信号观测模块和指令下发模块，其模型内部结构如图 3-83 所示。AO 模块配置的 8 路信号在图 3-83 中分别是 Iqref_b、Iq_ref、Udref_b、Ud_ref、Uqref_b、Uq_ref、signal1、signal2，Outport 2（Ctrl）能实现控制方式切换，其中开关在 0 处是 DSP 控制，开关在 1 处是 CPU 控制，Outport 5（pwmswitch）是机侧变流器的触发方式，开关在 1 处是 SVPWM 触发，开关在 0 处是 SPWM 触发。

将直驱风机主电路及其控制电路封装到 SM 子系统中，将直驱风机的指令下发模块以及信号观测模块封装到 SC 子系统中。直驱风机整体仿真系统的顶层结构如图 3-84 所示，主要包括 SM_PMSG 子系统和 SC_Scope 子系统。

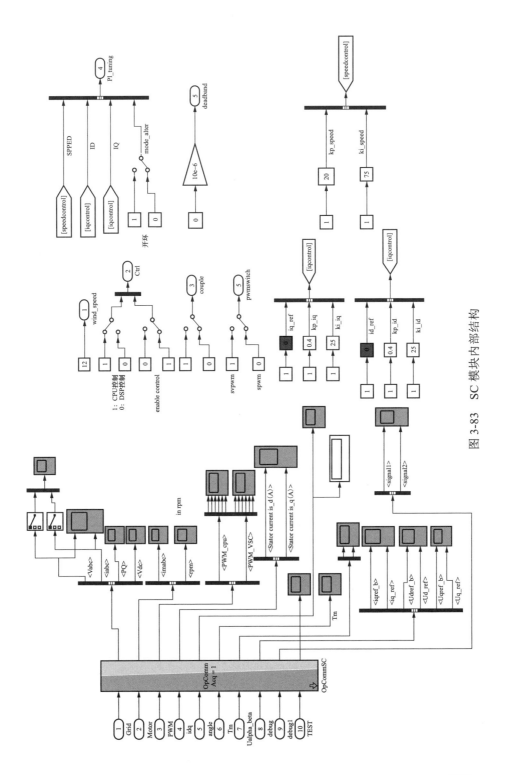

图 3-83 SC 模块内部结构

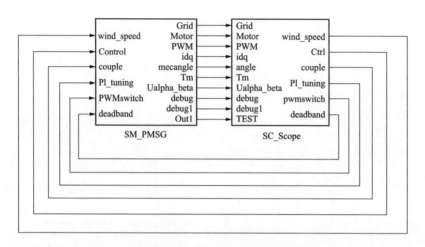

图 3-84 直驱风机仿真模型总结构图

（3）OP8665 模型。基于直驱风机控制系统 Simulink 模型中的电机转子侧控制策略，在 Simulink 中结合 TI C2000 的库元件和函数建立发电机转子控制 OP8655 模型，如图 3-85 所示，包括信号接收、控制逻辑及信号发送，其中 ADC 为模拟量输入模块，采集电机电流、转速和电角度等信息，共有 6 路信号，分别为 ia、ib、sin、cos、wr 及 w_wind，ePWM 为 PWM 输出模块。

基于 OP8665 模型搭建的机侧变流器控制如图 3-86 所示，其控制器为图 3-86 中的绿色封装模块，搭建的控制逻辑与在 OP5600 中 CPU 控制逻辑一致，Std_SVPWM 模块也与 OP5600 模型中相同。

ePWM 模块配置界面与双馈风机中的 OP8655 模型一致，直驱风机 OP8665 模型中的配置周期 Time period 设定为 18750，换算成频率约为 4000Hz。

3.4.2.4　直驱风机仿真波形

按上述步骤搭建好直驱风机仿真模型后进行实验，直驱风机模型工作在正常稳定状态下，直驱风机仿真模型的并网点电压、电流如图 3-87 所示。蓝色曲线为 A 相电压电流、红色曲线为 B 相电压电流、黄色曲线为 C 相电压电流，并网点三相电压的幅值约为 563V，与图 3-66 搭建的等效电网电源模块输出电压一致，并网点三相电流的幅值在 1500A 左右。

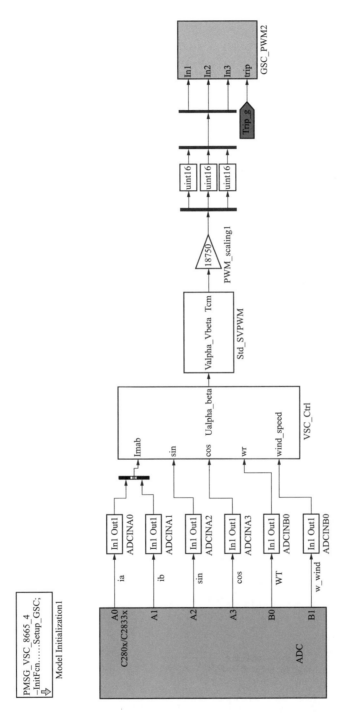

图 3-85 OP8665 模型

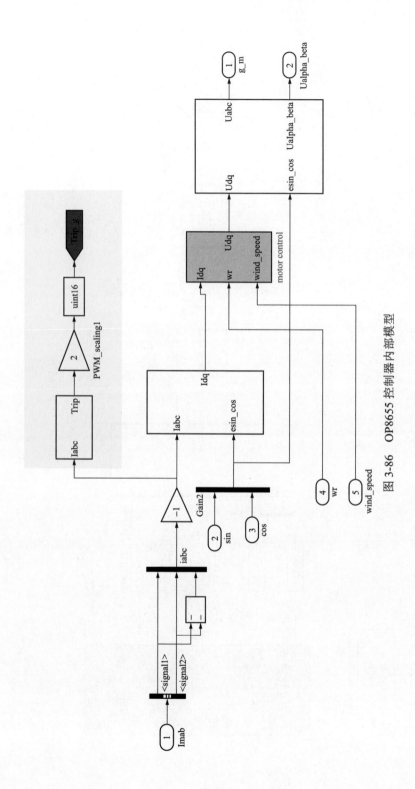

图 3-86 OP8655 控制器内部模型

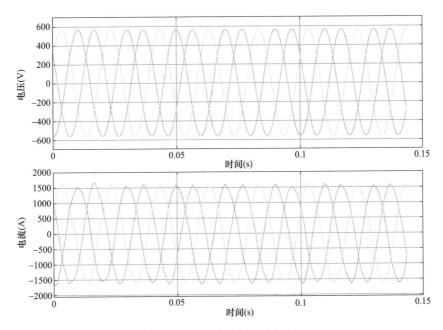

图 3-87　并网点电压及电流波形

　　直驱风机输出的功率波形如图 3-88 所示，蓝色曲线为直驱风机输出的有功功率，红色曲线为直驱风机输出的无功功率，从图中可以看出直驱风机输

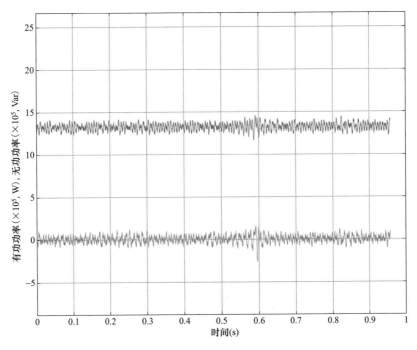

图 3-88　有功功率和无功功率波形

出的有功功率大约为 1.35MW，输出的无功为 0Mvar，这说明直驱风机运行在单位功率因数下。

直驱风机直流电容侧输出的直流电压波形如图 3-89 所示，从图中可以看出直流电压为 1500V，这与在模型中设定的电容的初始电压一致，这说明模型中的网侧变流器的控制达到了预期效果。

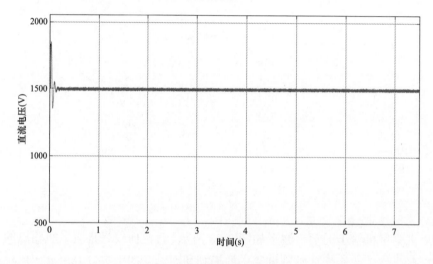

图 3-89　直流电压波形

发电机转子转速波形如图 3-90 所示，该转子转速是经过换算后得到的以国际单位"转每分钟"即 r/min 为基准的，在图中可以看出转子转速大约为 38r/min。

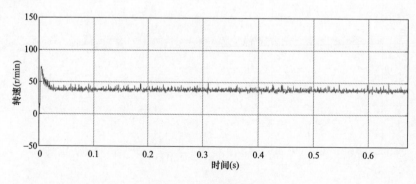

图 3-90　转子转速波形

当直驱风机的控制方式由 OP5600 模型中的 CPU 控制切换为 OP8665 模型中的 DSP 控制时，电机转子转速变化如图 3-91 所示，从图中可以看出当切换为 DSP 控制时，转子转速由 38r/min 瞬间下降，而后又迅速上升，随后就迅速恢复为原来的 38r/min，这说明采用 CPU 控制与 DSP 控制所达到的效果一致。

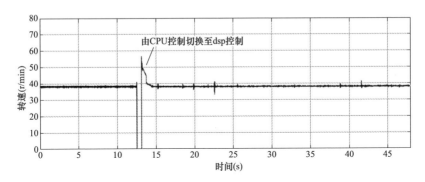

图 3-91　转子转速变化波形

4

STATCOM 的 RT-LAB 建模与案例分析

无功补偿装置经历了多年的发展，在运行范围、响应速度、谐波控制、设备体积、对外界影响程度等性能上都有发展与提高，目前在各个性能上最优良的就是静止同步补偿器（static synchronous compensator，STATCOM）。与其他无功补偿装置相比，STATCOM 具有突出的优势，具体表现在运行范围、谐波控制、补偿特点、响应速度、设备体积与成本方面。

首先，所有类型的静止无功补偿器都是通过调节晶闸管的触发角度来间接的改变阻抗，且静止无功补偿器装置一般情况下并联于电网，其发出容量与电压成正比关系，也就是说当电压低时补偿的容量也低，这样静止无功补偿器的运行范围就要受到接入点电压的影响。而 STATCOM 则是在变流器的控制下，通过调节变流器来保持发出的无功功率不变，因此静止无功发生器的运行范围要比静止无功补偿器更大。其次，大部分静止无功补偿装置在运行时不可避免地会产生大量谐波，因此还要为静止无功补偿装置配备相应的无源滤波器。另外，电网本身的阻抗特性会因为静止无功补偿装置的接入发生变化，甚至导致谐振现象发生。而静止无功发生器相当于一个电压型逆变装置，不会影响电网的阻抗特性，并且可以采用主电路拓扑多重化、多电平调制技术等措施消除电流中的谐波，不需要配备滤波装置。再者，STATCOM 不但可以快速实现动态补偿无功功率，还可以补偿由于不平衡负载或者电网造成的负序电流。STATCOM 通过控制策略的优化可以对负序电流进行补偿，而这是静止无功补偿装置所不具备的。加之，STATCOM 采用的是全控型的器件，其反应速度比采用半控性的设备快很多，开环响应时间为常数，综合下来，STATCOM 的响应时间一般为静止无功补偿装置的一半，响应时间越短，抑制闪变的能力越强。

早期的 STATCOM 多以多重化为主体结构以消除谐波，但是多重化变流器控制复杂，成本较高。STATCOM 装置早期只应用于输电系统，如今已经扩展到了配电系统和负荷系统。与 SVC 系列装置相比，STATCOM 在各个方面的性能都更先进一步。不仅运行范围更广，而且在采取多重化结构、多电平结构或者 SVPWM 控制技术等措施后可大大减少电流中的谐波成分。最主要的是 STATCOM 中的储能元件远比静止无功补偿装置中的储能元件要小，这大大缩小了设备的体积，从而减少了成本。另外 STATCOM 装置还可以有效抑制电流突变、三相不平衡等。这些功能已经在柔性交流输电技术（flexible AC transaction system，FACTS）中得到了认可。作为一种无功补偿设备，STATCOM 装置必然也会遇到如单相短路、两相短路、三相短路、电压冲击和电流冲击等故障工况。为了对 STATCOM 的工作特性进行研究，要对其进行实验测试，传统测试方法需要对实际 STATCOM 装置进行试验环境搭建，耗费大量的物力人力，加之 STATCOM 的工作电压较高，对于测试人员的人身安全也是一种威胁。借助基于 RT-LAB 实时仿真平台对 STATCOM 进行半实物测试，不仅能够高效、快速地对多种危险工况进行便捷的测试，还能模拟多种实际工况不易出现和复现的故障工况。

本章内容首先讲述了 STATCOM 的基本工作原理，包括 STATCOM 的电路拓扑，控制方式和数学模型，在此基础上基于 RT-LAB 实时仿真平台和 MATLAB/Simulink 软件搭建了 STATCOM 的仿真模型，对其控制器进行了实时在环测试。

4.1　STATCOM 的类型和结构

到现在为止，根据时间前后顺序先后已经研发出了二极管钳位型 STATCOM、飞跨电容型 STATCOM、模块化 STATCOM 和级联 H 桥型 STATCOM 四种结构拓扑。

二极管钳位技术多应用在逆变器中，但用于 STATCOM 上也是比较成熟的，基于二极管钳位型的 STATCOM 的结构如图 4-1 所示，钳位二极管中性点与电容中性点相连，可以将电容直流侧电压始终钳位在原来的一半，降低了对开关器件的耐压水平要求，减少了设备占地面积和设计成本。但是随着电平数的增加，二极管的数量也急剧增加，其带来的问题不只是二极管的反向恢复对控制的影响，电容电压的控制问题也变得复杂起来。

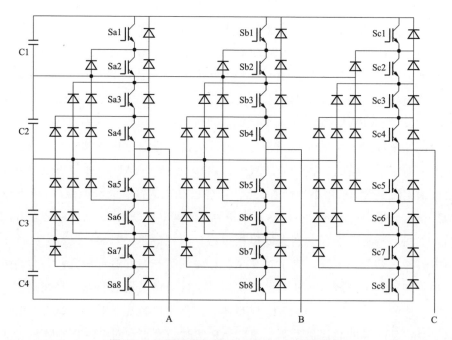

图 4-1　二极管钳位型 STATCOM 的电路结构

飞跨电容技术是在二极管钳位技术的基础上发展起来的，多应用于变换器中，如 Buck 变流器或者逆变器，用于 STATCOM 中情况不算多，后续将介绍其原因，图 4-2 所示为飞跨电容型 STATCOM 的电路结构图，与图 4-1 所示的 STATCOM 电路结构相比，减少了两个钳位二极管，多了一个电容。由于二极管的减少，使该拓扑结构控制更加方便，其输出波形较二极管钳位型 STATCOM 得到了有效的改善。但是随着该结构的电容数量要多于二极管钳位型 STATCOM，电容的成本要远远大于二极管且占地面积也大，所以当要求输出电平数过多时，不采用此结构。由于飞跨电容型与二极管钳位型多电平拓扑的结构类似，因而两者的工作原理也非常相似。相对于二极管钳位型，飞跨电容型多电平结构在电压合成时，开关状态选择具有更大的灵活性，但是这种结构需要多组电容，体积比较庞大，所有电容都需要单独的预充电电路。运行条件变化时会导致装置直流电容电压随之变化，从而引发电容电压偏移的问题，因此，需要对直流电容上的电压进行严格控制，使得控制方法非常复杂。鉴于这些原因，飞跨电容型多电平结构在大功率变流系统中应用的较少。

模块化多电平技术广泛用于高压直流输电或者变换器中，图 4-3 为基于模块化多电平技术的 STATCOM 的电路结构，多电平技术就是通过改进变换器拓扑结构,采用一定的方法将几个电平台阶合成阶梯波以逼近正弦输出电压。由于输出电压电平数的增多,使装置的输出波形具有更好的谐波频谱,减少了输出的谐波含量。多电平技术可极大地降低功率器件电压应力,从而实现低耐压功率器件的高电压输出。多电平技术的优点为:输出电压电平增多,更逼近正弦波,输出电压波形畸变小;输出与两电平变换器同样波形时开关频率要求低,损耗小,效率高;每个功率器件承受 $1/(n-1)$ 的母线电压(n 为电平数);在同样的直流母线电压条件下,开关器件承受的电压应力远小于两电平逆变器;无输出变压器使装置体积、损耗和成本都大大减少。因此,采用多电平技术的中压 STATCOM 受到越来越多的关注,成为配电系统无功补偿和谐波治理的研究热点。

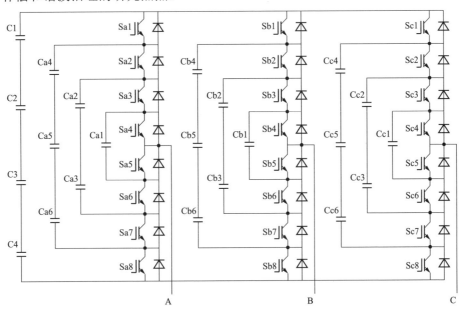

图 4-2　飞跨电容型 STATCOM 的电路结构

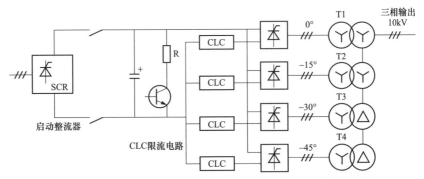

图 4-3　模块化多电平 STATCOM 的电路结构

级联技术无论是在采用传统型的还是 H 桥型多电平技术，在变流器以及 STATCOM 领域中的应用都十分广泛，图 4-4 所示为级联 H 桥 STATCOM 的电路拓扑图。MMC 结构的 STATCOM 与级联 H 桥型 STATCOM 相同的模块数量输出的电平数不同。假设级联子模块单元个数为 n，电平数为 m，则 MMC 结构的 STATCOM 电平数与每一相单元个数关系为：$m = n/2+1(n = 2,4,6,\cdots)$。同样的假设，级联 H 桥 STATCOM 的电平数与每一相独立子模块单元个数关系为：$m = 2n + 1 (n = 1, 2, 3, \cdots)$。所以，输出相同电平数的时候级联 H 桥结构的 STATCOM 可以用更少的单元个数实现，可以有效减少设备成本以及占地面积。级联多电平拓扑相对于前二极管钳位型和飞跨电容型多电平而言，不需要大量的钳位二极管和飞跨电容，所需器件数量较少。采用 2H 桥级联时，n 个单元级联可实现电压 2n+1 电平输出，容易向高电压扩展。

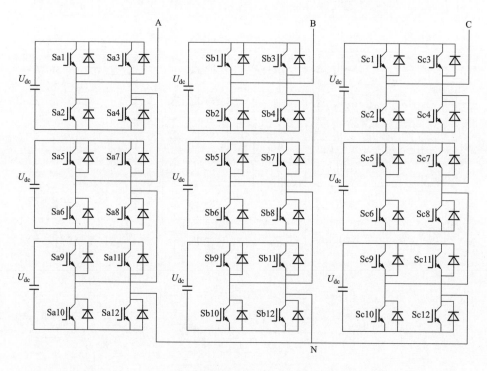

图 4-4　级联 H 桥型 STATCOM

级联型多电平拓扑主要优点是：电平数多、输出电压 THD 少、谐波特性优于多重化结构；当电平相同时，相对于其他两种多电平结构，级联型所需器件最少，封装最容易；各级功率单元可采用低压小容量变换器设计，结构相同，便于模块化设计，容量扩展及维护方便，适合于七电平以上的多电平场合应用，容易实现高压逆变；由于功率模块结构相同，便于冗余设计，增加装置可靠性；采用三相分离且每个单相桥分开，容易实现分相控制；易于实现软开关技术，避免笨重、耗能的阻容吸收电路；由于没有多重化变压器，装置体积和占地面积都大为减小。但级联型多电平 STATCOM 在单相直流侧需要安装容量较大的电容器，以避免直流侧电压波动较大；串联的直流侧电压可能不平衡，需要采用较复杂的外围电路或控制方法平衡直流侧电压。

4.2　STATCOM 的基本工作原理

4.2.1　基本型 STATCOM 的工作原理

STATCOM 一般分为电压源型和电流源型两种类型。电压源型 STATCOM 直流侧并联有大电容，保证在持续充放电或器件换向过程电压不会发生很大的变化，桥侧串联电感，而电流源型 STATCOM 则是直流侧串联大电感，保证在器件换向或充放电期间电流不会有大的波动，桥侧并联电容。但由于运行效率的原因，并且电压源型 STATCOM 中的连接电抗器能够起到抑制冲击电流的作用。在实际工程中，投入使用的 STATCOM 大多采用电压型桥式电路，其主要原因为：

（1）电流型桥式电路需采用具有双向电压阻断能力的大功率开关器件，而常用的可关断器件（如 GTO、IGBT）要么反向阻断能力差，要么在其他方面的性能不佳（如导通损耗过大）；而电压型桥式电路没有受到类似限制。

（2）实际系统中，电流型桥式电路直流侧的电抗较电压型桥式电路直流侧电容的损耗要大得多。

（3）由于直流侧采用大容量电容，电压型桥式电路具有天然的防止器件过电压的功能；而电流型桥式电路需要设置附加的过电压保护电路或者器件以备降压使用。

（4）电流型桥式电路的运行效率比较低，而且发生短路故障时危害比较大。电压型桥式电路的以上优势使其成为现有 STATCOM 的主流选择，因此 STATCOM 往往专指采用自换相的电压型桥式电路作为动态无功补偿的装置。

下面以电压型为例来说明 STATCOM 的工作原理。

如图 4-5（a）所示，STATCOM 装置相当于一个电压可控的电压源，通过连接电抗器并联到电网。如图 4-5（b）所示，假设补偿装置的相电压为 $\dot{U}_{\mathrm{C}}$，系统电网相电压为 $\dot{U}_{\mathrm{S}}$，连接电抗器阻抗为 X，则装置输出电流为

$$\dot{I} = \frac{\dot{U}_{\mathrm{C}} - \dot{U}_{\mathrm{S}}}{\mathrm{j}X} \tag{4-1}$$

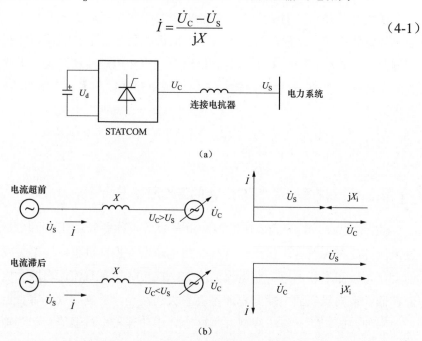

（a）

（b）

图 4-5　STATCOM 装置无功调节原理

（a）功能图；（b）电气变量关系

则装置输出的单相复功率为

$$\bar{S} = \dot{U}_{\mathrm{S}}\hat{\dot{I}} = \dot{U}_{\mathrm{S}}\frac{\hat{\dot{U}}_{\mathrm{C}} - \dot{U}_{\mathrm{S}}}{-\mathrm{j}X} \tag{4-2}$$

通常情况下，STATCOM 装置只吸收很小的有功功率，因此装置输出的单相无功为

$$Q = \mathrm{Im}(\bar{S}) = U_{\mathrm{S}}\frac{U_{\mathrm{C}} - U_{\mathrm{S}}}{\mathrm{j}X} \tag{4-3}$$

由式（4-3）可以得到，当 $U_{\mathrm{C}} < U_{\mathrm{S}}$ 时，STATCOM 工作于感性区域，装置相当于电感；相反，当 $U_{\mathrm{C}} > U_{\mathrm{S}}$ 时，STATCOM 工作于容性区域，装置相当于电容；当 $U_{\mathrm{C}} = U_{\mathrm{S}}$ 时，系统与 STATCOM 之间电流为 0，无功率交换。可见，STATCOM 输出无功功率的极性和大小决定于 U_{C} 和 U_{S} 的大小，通过控制 U_{C} 就可以连续调节 STATCOM 发出和吸收无功功率的多少。由于 U_{C} 可以连续快速的控制，因此 STATCOM 可以快速地进行双向无功补偿。

4.2.2 二极管钳位型 STATCOM 的工作原理

下面将介绍钳位二极管在逆变器中的原理，以便基于上述对基本型 STATCOM 原理的分析可拓展至二极管钳位型 STATCOM。如图 4-6 是二极管钳位型三电平逆变器拓扑示意图。其中 C_{dc1}、C_{dc2} 为中点均压电容，D_i 为钳位二极管，S_{xi} 为开关管（x 表示 a、b、c 某一相，i 表示某一桥臂上 1-4 号开关管）。二极管钳位型 STATCOM 特点如下：以其中一个桥臂为例，设直流输入侧中点电压为 0，结合不同的开关组合，可得以下三种状态："1" 态（或称 "P" 态），"0" 态（或称 "O" 态），"–1" 态（或称 "N" 态），如图 4-7 所示。

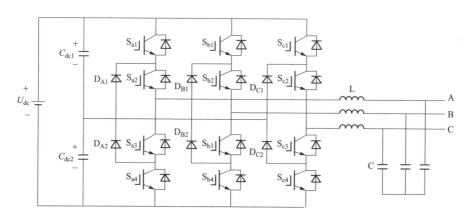

图 4-6　二极管钳位型三电平逆变器拓扑原理图

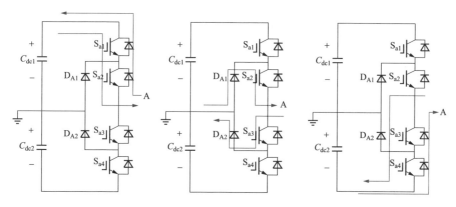

图 4-7　不同开关组合下某桥臂输出状态示意图

（1）"1" 态。当 S_{a1}、S_{a2} 导通而 S_{a3}、S_{a4} 关闭，同时电流由直流输入侧正极通过 S_{a1}、S_{a2} 由 A 流出，则 A 点电压 $U_A = 1/2U_{dc}$；而当 S_{a3}、S_{a4} 关闭，

系统中出现无功分量或开关管切换时，电流由 A 流入通过 S_{a1}、S_{a2} 的续流二极管续流后流入直流侧正极，此时同样也有 A 点电压 $U_A=1/2U_{dc}$。

（2）"0"态。S_{a2}、S_{a3} 导通而 S_{a1}、S_{a4} 关闭，此时电流可由直流输入侧中点经钳位二极管 D_{A1} 和开关管 S_{a2} 而流出 A，此时有 A 点电压 $U_A=0$；还有一种情况是电流由 A 流入，经 S_a 和 D_{A2} 流入直流输入侧中点，同样有 A 点电压 $U_A=0$。

（3）"-1"态。当 S_{a3}、S_{a4} 导通而 S_{a1}、S_{a2} 关闭，同时电流由直流输入侧正极通过 S_{a3}、S_{a4} 由 A 流出，则 A 点电压 $U_A=-1/2U_{dc}$；而当 S_{a1}、S_{a2} 关闭，系统中出现无功分量或开关管切换时，电流由 A 流入 S_{a3}、S_{a4} 的续流二极管通过续流后流入直流侧正极，同样也有 A 点电压 $U_A= -1/2U_{dc}$。

通过一定的规律控制每一桥臂开关管的通断（见图 4-8），由变化的相电压 U_A 和 U_B，可以推得线电压 U_{ab}。从图 4-8 可以看出，三电平逆变器的输出相电压在 $U_{dc}/2$、0 和 $-U_{dc}/2$ 之间变化，而其所合成的线电压为五电平波形。从直观上就可以看出，所合成的线电压波形较之两电平逆变器的线电压波形更接近正弦波。

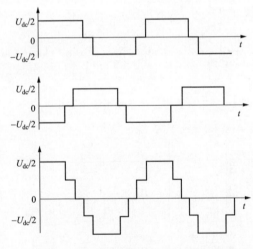

图 4-8　三电平逆变器线电压合成示意图

4.2.3　模块化多电平型 STATCOM 的工作原理

模块化多电平变换器 STATCOM，是基于模块化多电平变换器的工作原理进行的。下面先以混合型模块化多电平变换器（modular multi-level converter，MMC）进行原理的介绍，混合型 MMC 换流器拓扑如图 4-9 所示，每相上、下桥臂分别与公共的直流母线的正负极连接，其中每个桥臂由（n-1）个模块和桥臂电感 L 组成。

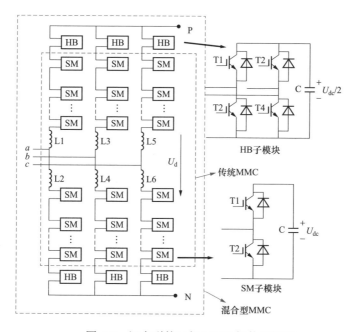

图 4-9　混合型的三相 MMC 拓扑结构图

　　与传统的 MMC 相比，上、下桥臂各增加一个全桥模块 HB，其余的子模块（SM）的电气参数和桥臂电感量相同，桥臂电感 L 不但可以对环流和桥臂的电流中的高频分量起抑制作用，而且在发生短路的情况下，可抑制桥臂电流的上升，使系统具有足够的时间进行保护，封锁驱动信号，从而保护器件。直流侧的电容可通过均压控制充电和放电，使上下波动幅度很小而不需要直流电源给供电。

　　子模块 SM 由半桥模块（T1、T2、D1、D2）和支撑电容 C 组成，正常情况上、下开关管互补开通，并加入合适的死区，输出 U_{dc}、0 两种电平。根据 SM 子模块的功率开关管不同的驱动信号，SM 模块的工作状态有以下三种情况。

　　（1）T1、D1 导通，T2、D2 断开。如图 4-10（a）所示，子模块为投入状态，当电流 $i_{sm}<0$ 时，电流经过功率开关管 T1、电容 C，此时电容处于放电状态，子模块端口输出电压也为 U_{dc}；当电流 $i_{sm}>0$ 时，电流经过续流二极管 D1、直流侧电容 C，此时电容处于充电状态，子模块输出电压为 U_{dc}。

　　（2）T1、D1 断开，T2、D2 导通。如图 4-10（b）所示，子模块为切除状态，当电流 $i_{sm}<0$ 时，电流只经过续流二极管 D2，输出电压为 0；当电流 $i_{sm}>0$ 时，电流只经过功率开关管 T2，电容电压不受其控制，其输出电压为 0。

（3）T1、T2 断开，D1、D2 导通。如图 4-10（c）所示，子模块为闭锁状态，此状态下，两个开关管都关闭，当电流 $i_{sm}<0$ 时，电流经续流二级管 D2 直接流出，输出电压为 0；当电流 $i_{sm}>0$ 时，经续流二极管给电容充电 D1，输出电压为 U_{dc}。这种工作模式不存在放电回路，只有在特殊的情况下出现，例如系统启动、驱动信号的死区时间、出现故障保护等，正常工作模式下，子模块的直流电容处于被投入或切除的状态。

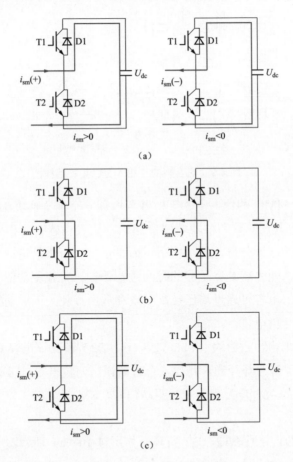

图 4-10　子模块的工作导通图

（a）投入模式；（b）切除模式；（c）锁闭模式

额外增加的 HB 模块部分可以实现换流器输出电平数翻倍，由图 4-9 的拓扑结构图可知全桥模块的结构,并且直流侧电容电压为 SM 模块直流侧电压的一半,因此输出三种电平+U_{dc}/2、0、–U_{dc}/2。通 HB 模块的同桥臂的两个功率开关管的导通状态互为补充并加入死区状态,当 T1 和 T4 导通时,输出电平为+U_{dc}/2,当 T2 和 T3 导通时,输出电平为–U_{dc}/2,其余时刻四个功率开关管都关断状态,输出电平为 0,用 S1~S4 表示开关管的状态,根据电流方向判断全桥子模块输出电压情况。传统 MMC 拓扑中,每相的上、下桥臂各有 n 个单元,半桥子模块经过调制,可输出电压的阶梯为($2n$+1),混合型拓扑结构为(n+1)模式,即在每个桥臂基础上加入一个全桥模式,其 HB 模块的直流电容电压设为 SM 子模块直流电容电压的一半,即 U=U_{dc}/2,通过控制 H 桥的导通,可将±U_{dc}/2 插入到±U_{dc} 中间,输出电平数得到拓宽,实现输出电平数加倍到($4n$+1)。

模块化多电平的静止无功补偿器(MMC-STATCOM)基于电压型桥式电路的原理,将 MMC 换流器视为电压源,MMC 的三相交输出端并联在电网上,根据要求为负载提供无功补偿电流,其结构如图 4-11 所示。

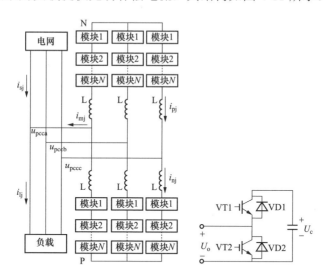

图 4-11　基于 MMC 结构的 STATCOM 结构图

与 MMC 应用于轻型直流输电领域相比,MMC-STATCOM 无需在直流侧并联两个大的直流储能电容,虽然这样可能会造成直流侧电容电压稳定性稍差,但节约了成本和换流站的体积。在三相三线制电路中,各相间不可避免地存在环流,会增大开关器件的电流应力,严重时会导致功率器件的击穿损坏。因此,每相上、下桥臂都串有交流电抗器,即图 4-11 中的 L。此外,

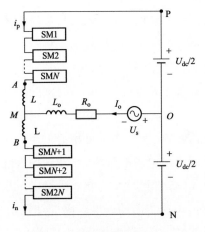

图 4-12　单相模块化多电平
换流器等值电路

当补偿装置发生故障时，交流电抗器还可以有效抑制过电流的冲击，确保故障状态时封锁 IGBT 触发脉冲，提高系统的可靠性。

图 4-12 为单相模块化多电平换流器等效电路。换流器的直流侧等效为两个直流电压源，两个电压源的中间为等效的零电位点，交流侧等效为交流电压源 U_s，R_o，L_o 分别为线路等效阻抗和电感。设上桥臂电流为 i_p，下桥臂电流为 i_n，子模块直流侧电容电压为 U_{ci}，子模块的输出电压为 U_i（$1 \leqslant i \leqslant 2N$）。下文中下标 p、n 分别表示上桥臂和下桥臂。

设 $S_i = 1$ 表示子模块投入，$S_i = 0$ 表示子模块切除（i 表示子模块的序号）。则上、下桥臂子模块构成的等效电压 u_p、u_n 可表示为

$$u_p = \sum_{i=1}^{N} U_{Ci} S_i \tag{4-4}$$

$$u_n = \sum_{i=n+1}^{2N} U_{Ci} S_i \tag{4-5}$$

若用 i_m 表示换流器交流侧输出电流，i_{cir} 表示相内环流，i_p、i_n 分别表示模块化多电平换流器的上、下桥臂电流，各量的参考方向参见图 4-12，可以得到它们的数学关系为

$$i_{cir} = i_p + \frac{i_m}{2} \tag{4-6}$$

$$i_{cir} = i_n - \frac{i_m}{2} \tag{4-7}$$

$$i_{cir} = \frac{1}{2}(i_p + i_n) \tag{4-8}$$

设图 4-12 中，A、B 点之间电压表示桥臂电抗器上的电压 u_L，则

$$u_L = L\frac{di_p}{dt} + L\frac{di_n}{dt} = 2L\frac{di_{cir}}{dt} \tag{4-9}$$

根据 KVL 定理，P、N 点间电压与模块化多电平换流器的公共直流侧电压 U_{DC} 可以表示为

$$U_{DC} = u_p + u_n + u_L \tag{4-10}$$

当忽略环流 i_{cir} 在电路上桥臂电抗器上的压降 u_L，即式（4-10）中的第三项时，可得模块化多电平换流器直流侧模型，表示为

$$U_{DC} = u_p + u_n \qquad (4\text{-}11)$$

MMC-STATCOM 的单相等效电路图如图 4-13 所示。u_s 为电网电压，i_s 为从电网流入 MMC-STATCOM 的电流，u_p、u_n 分别表示 MMC-STATCOM 上、下桥臂子模块输出电压之和的等效电压，i_p、i_n 分别为流过上、下桥臂的电流，参考方向参见图 4-12。

设 u_{oc} 为图 4-12 中 A、B 点之间的等效开路电压，L_{eq} 为 MMC 桥臂上的等效电感，根据图 4-10 和图 4-11 所示的电路等效简化电路，可计算得

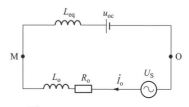

图 4-13 MMC-STATCOM
单相等效电路

$$L_{eq} = \frac{L \cdot L}{L + L} = \frac{L}{2} \qquad (4\text{-}12)$$

$$u_{mo} = -\frac{u_L}{2} - u_p + \frac{U_{DC}}{2} \qquad (4\text{-}13)$$

$$u_{mo} = \frac{u_L}{2} + u_p - \frac{U_{DC}}{2} \qquad (4\text{-}14)$$

$$u_{mo} = \frac{u_n}{2} - \frac{u_p}{2} \qquad (4\text{-}15)$$

M、O 点之间电压表示模块化多电平换流器交流侧输出相电压 u_m，则

$$u_m = u_{mo} + \frac{L}{2}\frac{di_o}{dt} \qquad (4\text{-}16)$$

当模块化多电平换流器输出电流 i_m 的变化率较小时，可以忽略式（4-16）中的第二项，根据图 4-12，电网电压与 MMC 交流侧输出的电压关系为

$$u_s - u_m = L_{eq}\frac{di_m}{dt} \qquad (4\text{-}17)$$

$$u_m = \frac{u_n - u_p}{2} \qquad (4\text{-}18)$$

式中：u_m 为 MMC 输出的相电压。

通过调节 MMC 输出电压 u_m 的幅值和相位，能够有效地控制 MMC-STATCOM 与电网的功率交换。实际系统中 MMC-STATCOM 和电网之间需要进行一定的有功能量交换，补偿补偿装置的各种损耗。而且，对补偿装置系统进行有功功率的控制，有利于维持 MMC 子模块电容电压的稳定。所以对于基于 MMC 模块化多电平换流器的的静止同步补偿器，可以通过

改变相位差 δ 和 $\dot{U}_{\mathrm{m}}$ 的幅值和相位来改变输出电流 $\dot{I}$ 的幅值和相位,从而控制无功补偿装置和电网之间的有功和无功功率的交换。

4.2.4　级联 H 桥型 STATCOM 的工作原理

H 桥型 STATCOM 与电网之间的连接方式分为星型连接和角型连接两种。这两种拓扑结构明显的区别就是星型连接拓扑每相设备所承担的电压为电网相电压,而角型连接拓扑每相设备所承担的电压为电网线电压。在实际工程应用中,由于星型连接拓扑结构的 H 桥型 STATCOM 性能比较优越,所以大部分工程应用中为星型连接拓扑结构。

仅考虑基波时,三相瞬时功率的和在任何时刻都是有功功率之和。因此从整体三相电路看来,电网和负载之间流动的只有有功能量,所以在负载侧就可以不安装电容或电感。然而实际上电流中还存在谐波,而这些谐波会造成少量的能量流动,所以储能元件仍然是直流侧不可缺少的装置,而且这个能量储存元件的容量远远小于 H 桥型 STATCOM 的容量。

事实上,H 桥型 STATCOM 装置通过 PWM 调制技术来控制 IGBT 的开断,将直流侧电压调节成与电网同频但幅值或者角度不同的正弦电压,其作用与电压型逆变器相同。假设三相对称,所以通过单相等效电路对运行原理进行分析即可,图 4-14 为系统单相等效电路,图 4-15 为系统电压电流矢量示意图。

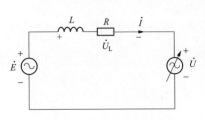

图 4-14　系统等效电路图

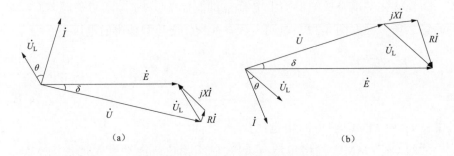

图 4-15　系统电流电压矢量图

(a)电流超前电压矢量图;(b)电流滞后电压矢量图

其中电网电压为 $\dot{E}$,H 桥型 STATCOM 的输出电压为 $\dot{U}$。由图 4-15 可知,当不考虑系统损耗时,使 H 桥型 STATCOM 输出电压的相位与电网电压相同，此时改变 H 桥型 STATCOM 输出电压的大小就可以直接控制输出电流的幅值和方向。然而实际中变流器和电抗器本身的损耗是不可能没有的，在工程应用中我们要考虑损耗所造成的影响，电阻 R 表示集中损耗。此时，H 桥型 STATCOM 交流侧输出电压和电流的相位差不是 90°而应该略小于 90°，该角设为 δ。

以 $\dot{E}$ 相位为参考，则输出电压以及电流可表示为

$$\begin{cases} \dot{U} = U\cos\delta + \mathrm{j}U\sin\delta \\ \dot{I} = \dfrac{\dot{E} - \dot{U}}{R + \mathrm{j}X} = \dfrac{E - U\cos\delta - \mathrm{j}U\sin\delta}{R + \mathrm{j}X} \end{cases} \tag{4-19}$$

由于电抗器中 X 远远大于 R，故电流可简化为

$$\dot{I} = \frac{\dot{E} - \dot{U}}{R + \mathrm{j}X} = -\frac{U\sin\delta}{X} - \mathrm{j}\frac{E - U\cos\delta}{X} \tag{4-20}$$

则 H 桥型 STATCOM 与电网之间的交换复功率为

$$\dot{S} = \dot{E}\dot{I}^* = -\frac{EU\sin\delta}{X} + \mathrm{j}\frac{E(E - U\cos\delta)}{X} \tag{4-21}$$

易得出有功功率和无功功率的表达式为

$$\begin{cases} P = -\dfrac{EU\sin\delta}{X} \\ Q = \dfrac{E(E - U\cos\delta)}{X} \end{cases} \tag{4-22}$$

由于 δ 角非常小，所以有功功率和无功功率还可以表达为

$$\begin{cases} P = -\dfrac{EU\delta}{X} \\ Q = \dfrac{E(E - U\cos\delta)}{X} \end{cases} \tag{4-23}$$

由式（4-23）可知：

（1）当 E 超前 U 时，$\delta<0$，有功功率 $P>0$，H 桥型 STATCOM 吸收有功功率，直流电压变大。

（2）当 E 滞后 U 时，$\delta>0$，有功功率 $P<0$，H 桥型 STATCOM 发出有功功率，直流电压减小。

（3）当 $E>U$ 时，$Q>0$，H 桥型 STATCOM 吸收感性无功；当 $E<U$ 时，$Q<0$，H 桥型 STATCOM 发出感性无功。

4.3　STATCOM 的数学模型

在对 STATCOM 进行数学建模时，需要考虑平衡和不平衡工况下的数学模型，下面将对两种工况下的数学建模进行一一介绍。

4.3.1　平衡工况下 STATCOM 的数学模型

平衡工况下的数学模型的建立需要以下假设：

（1）三相电网以及三相负载是对称的。

（2）STATCOM 装置中的内部损耗、电感中的电阻损耗、开关控制器件的相关损耗等所有损耗集中等效为电阻 R；电抗器电感以及互感、线路电感等集中等效为电感 L；

（3）由于谐波含量较少，所以不考虑谐波含量，只考虑基波分量。

基于以上假设，STATCOM 的输出电压和电网电压分别为

$$\begin{cases} u_a(t) = Ku_{dc}\sin(\omega t - \delta) = U\sin(\omega t - \delta) \\ u_b(t) = Ku_{dc}\sin\left(\omega t - \dfrac{2\pi}{3} - \delta\right) = U\sin\left(\omega t - \dfrac{2\pi}{3} - \delta\right) \\ u_c(t) = Ku_{dc}\sin\left(\omega t + \dfrac{2\pi}{3} - \delta\right) = U\sin\left(\omega t + \dfrac{2\pi}{3} - \delta\right) \end{cases} \quad （4\text{-}24）$$

$$\begin{cases} e_a = E\sin\delta \\ e_b = E\sin\left(\omega t - \dfrac{2\pi}{3}\right) \\ e_c = E\sin\left(\omega t + \dfrac{2\pi}{3}\right) \end{cases} \quad （4\text{-}25）$$

式中：K 为比例系数；U 为 STATCOM 输出电压幅值；δ 为 STATCOM 输出电压和系统电压之间的相位差；E 为三相电压幅值。

结合图 4-14 和图 4-15 可得

$$\begin{cases} L\dfrac{di_a(t)}{dt} = e_a - u_a - Ri_a \\ L\dfrac{di_b(t)}{dt} = e_b - u_b - Ri_b \\ L\dfrac{di_c(t)}{dt} = e_c - u_c - Ri_c \end{cases} \quad （4\text{-}26）$$

将式（4-24）和式（4-25）代入式（4-26），可得

$$\begin{cases} L\dfrac{di_a(t)}{dt} = E\sin\omega t - Ku_{dc}\sin(\omega t - \delta) - Ri_a \\[3mm] L\dfrac{di_b(t)}{dt} = E\sin\left(\omega t - \dfrac{2\pi}{3}\right) - Ku_{dc}\sin\left(\omega t - \dfrac{2\pi}{3} - \delta\right) - Ri_b \\[3mm] L\dfrac{di_c(t)}{dt} = E\sin\left(\omega t + \dfrac{2\pi}{3}\right) - Ku_{dc}\sin\left(\omega t + \dfrac{2\pi}{3} - \delta\right) - Ri_c \end{cases} \quad （4\text{-}27）$$

STATCOM 直流侧电容电压的电压方程可以由能量守恒得到，即

$$\frac{d\left(\dfrac{1}{2}Cu_{dc}^2\right)}{dt} = u_a i_a + u_b i_b + u_c i_c \quad （4\text{-}28）$$

结合式（4-24）和式（4-25）并化简，可得到

$$\frac{du_{dc}}{dt} = \frac{K}{C}\left[i_a\sin(\omega t - \delta) + i_b\sin\left(\omega t - \frac{2\pi}{3} - \delta\right) + i_c\sin\left(\omega t + \frac{2\pi}{3} - \delta\right)\right] \quad （4\text{-}29）$$

合并整理式（4-27）和式（4-29），得

$$\begin{cases} L\dfrac{di_a(t)}{dt} = E\sin\omega t - Ku_{dc}\sin(\omega t - \delta) - Ri_a \\[3mm] L\dfrac{di_b(t)}{dt} = E\sin\left(\omega t - \dfrac{2\pi}{3}\right) - Ku_{dc}\sin\left(\omega t - \dfrac{2\pi}{3} - \delta\right) - Ri_b \\[3mm] L\dfrac{di_c(t)}{dt} = E\sin\left(\omega t + \dfrac{2\pi}{3}\right) - Ku_{dc}\text{in}\left(\omega t + \dfrac{2\pi}{3} - \delta\right) - Ri_c \\[3mm] \dfrac{du_{dc}}{dt} = \dfrac{K}{C}\left[i_a\sin(\omega t - \delta) + i_b\sin\left(\omega t + \dfrac{2\pi}{3} - \delta\right) + i_c\sin\left(\omega t + \dfrac{2\pi}{3} - \delta\right)\right] \end{cases} \quad （4\text{-}30）$$

其中，只要知道 STATCOM 的输出电流以及直流电压的参考值，就可求得其他所有变量的变化规律。由于变系数的微分方程组求解出来有些麻烦，计算量也比较大，所以使用派克变换将上述微分方程转化为 dq 参考系内的常系数的微分方程，具体过程如下：

派克变换矩阵及其逆变换为

$$C_{abc-dq0} = \sqrt{\frac{2}{3}}\begin{bmatrix} \cos\omega t & \cos\left(\omega t - \dfrac{2\pi}{3}\right) & \cos\left(\omega t + \dfrac{2\pi}{3}\right) \\[3mm] -\sin\omega t & -\sin\left(\omega t - \dfrac{2\pi}{3}\right) & -\sin\left(\omega t + \dfrac{2\pi}{3}\right) \\[3mm] \sqrt{\dfrac{1}{2}} & \sqrt{\dfrac{1}{2}} & \sqrt{\dfrac{1}{2}} \end{bmatrix} \quad （4\text{-}31）$$

$$C_{abc-dq0}^{-1} = \sqrt{\frac{2}{3}} \begin{bmatrix} \cos \omega t & -\sin \omega t & \sqrt{\frac{1}{2}} \\ \cos\left(\omega t - \frac{2\pi}{3}\right) & -\sin\left(\omega t - \frac{2\pi}{3}\right) & \sqrt{\frac{1}{2}} \\ \cos\left(\omega t + \frac{2\pi}{3}\right) & -\sin\left(\omega t + \frac{2\pi}{3}\right) & \sqrt{\frac{1}{2}} \end{bmatrix} \quad (4\text{-}32)$$

故对于电流有

$$\begin{bmatrix} i_d \\ i_q \\ i_0 \end{bmatrix} = C_{abc-dq0} \begin{bmatrix} i_a \\ i_b \\ i_c \end{bmatrix} \quad (4\text{-}33)$$

由于三相三线制系统中三相电流的和为 0，所以式（4-30）经过派克变换后，得到

$$\frac{\mathrm{d}}{\mathrm{d}t} \begin{bmatrix} i_d \\ i_q \\ u_{\mathrm{dc}} \end{bmatrix} = \begin{bmatrix} -\dfrac{R}{L} & \omega & -\dfrac{\sqrt{3}K}{\sqrt{2}L}\sin\delta \\ -\omega & -\dfrac{R}{L} & -\dfrac{\sqrt{3}K}{\sqrt{2}L}\cos\delta \\ \dfrac{\sqrt{3}K}{\sqrt{2}C}\sin\delta & \dfrac{\sqrt{3}}{\sqrt{2}C}\cos\delta & 0 \end{bmatrix} \begin{bmatrix} i_a \\ i_b \\ u_c \end{bmatrix} + \frac{1}{L}\begin{bmatrix} 0 \\ \sqrt{3}E \\ 0 \end{bmatrix} \quad (4\text{-}34)$$

上式描述的就是平衡工况下（即电网和负载均对称）STATCOM 在 dq 坐标系下的数学模型，该模型对于后文的控制策略提供了理论基础。

4.3.2 不平衡工况下 STATCOM 的数学模型

实际工程中，STATCOM 往往工作在不平衡工况下，在配电网中此问题尤其严重。当 STATCOM 工作在不平衡的系统时，如网侧电压不平衡时，系统中会出现负序电流，也会影响直流侧电压的稳定，这是平衡工况下不会出现的问题。因此需要对 STATCOM 在电网电压不平衡工况下的功率模型进行研究并建立相关数学模型，为后文的相关电压控制策略研究奠定理论基础。

当 STATCOM 工作在电网电压不平衡工况时，STATCOM 输出电压和电网电压由正序电压和负序电压构成，同理，输出电流也包含正序电流和负序电流，电网三相电压以及 STATCOM 输出电压和电流在 abc 坐标系下可表示为：

$$\begin{bmatrix} e_a \\ e_b \\ e_c \end{bmatrix} = \begin{bmatrix} e_{ap} \\ e_{bp} \\ e_{cp} \end{bmatrix} + \begin{bmatrix} e_{an} \\ e_{bn} \\ e_{cn} \end{bmatrix} = \begin{bmatrix} E_p \sin \omega t \\ E_p \sin \left(\omega t - \dfrac{2\pi}{3} \right) \\ E_p \sin \left(\omega t + \dfrac{2\pi}{3} \right) \end{bmatrix} + \begin{bmatrix} E_p \sin(\omega t + \gamma) \\ E_p \sin \left(\omega t + \gamma - \dfrac{2\pi}{3} \right) \\ E_p \sin \left(\omega t + \gamma + \dfrac{2\pi}{3} \right) \end{bmatrix} \quad (4\text{-}35)$$

$$\begin{bmatrix} u_a \\ u_b \\ u_c \end{bmatrix} = \begin{bmatrix} u_{ap} \\ u_{bp} \\ u_{cp} \end{bmatrix} + \begin{bmatrix} u_{an} \\ u_{bn} \\ u_{cn} \end{bmatrix} = \begin{bmatrix} U_p \sin \omega t \\ U_p \sin \left(\omega t - \dfrac{2\pi}{3} \right) \\ U_p \sin \left(\omega t + \dfrac{2\pi}{3} \right) \end{bmatrix} + \begin{bmatrix} U_p \sin(\omega t + \theta) \\ U_p \sin \left(\omega t + \theta + \dfrac{2\pi}{3} \right) \\ U_p \sin \left(\omega t + \theta - \dfrac{2\pi}{3} \right) \end{bmatrix} \quad (4\text{-}36)$$

$$\begin{bmatrix} i_a \\ i_b \\ i_c \end{bmatrix} = \begin{bmatrix} i_{ap} \\ i_{bp} \\ i_{cp} \end{bmatrix} + \begin{bmatrix} i_{an} \\ i_{bn} \\ i_{cn} \end{bmatrix} = \begin{bmatrix} I_p \sin(\omega t + \varphi_p) \\ I_p \sin \left(\omega t + \varphi_p - \dfrac{2\pi}{3} \right) \\ I_p \sin \left(\omega t + \varphi_p + \dfrac{2\pi}{3} \right) \end{bmatrix} + \begin{bmatrix} I_p \sin(\omega t + \varphi_n) \\ I_p \sin \left(\omega t + \varphi_n + \dfrac{2\pi}{3} \right) \\ I_p \sin \left(\omega t + \varphi_n - \dfrac{2\pi}{3} \right) \end{bmatrix} \quad (4\text{-}37)$$

式中：E_p、E_n、U_p、U_n 分别为电网电压和 STATCOM 输出电压正序电压和负序电压幅值；I_p、I_n 分别为正序电流和负序电流幅值；φ_p、φ_n 分别为正序电流和负序电流相角；γ 为电网电压负序电压与正序电压相位差；θ 为负序电压与正序电压相位差。

此时式（4-26）可表示为

$$\begin{cases} L \dfrac{d}{dt}(i_{ap} + i_{an}) = (e_{ap} + e_{an}) - (u_{ap} + u_{an}) - R(i_{ap} + i_{an}) \\[2mm] L \dfrac{d}{dt}(i_{bp} + i_{bn}) = (e_{bp} + e_{bn}) - (u_{bp} + u_{bn}) - R(i_{bp} + i_{bn}) \\[2mm] L \dfrac{d}{dt}(i_{cp} + i_{cn}) = (e_{cp} + e_{cn}) - (u_{cp} + u_{cn}) - R(i_{cp} + i_{cn}) \end{cases} \quad (4\text{-}38)$$

对上式进行 dq 变换，可得到正序电流和负序电流的表达式，即

$$\frac{d}{dt} \begin{bmatrix} i_{dp} \\ i_{qp} \end{bmatrix} = \begin{bmatrix} -\dfrac{R}{L} & \omega \\[2mm] -\omega & -\dfrac{R}{L} \end{bmatrix} \begin{bmatrix} i_{dp} \\ i_{qp} \end{bmatrix} + \frac{1}{L} \begin{bmatrix} e_{qp} & -u_{qp} \\ e_{dp} & -u_{dp} \end{bmatrix} \quad (4\text{-}39)$$

$$\frac{d}{dt}\begin{bmatrix} i_{dn} \\ i_{qn} \end{bmatrix} = \begin{bmatrix} -\dfrac{R}{L} & \omega \\ -\omega & -\dfrac{R}{L} \end{bmatrix} \begin{bmatrix} i_{dn} \\ i_{qn} \end{bmatrix} + \frac{1}{L}\begin{bmatrix} e_{qn} & -u_{qn} \\ e_{dn} & -u_{dn} \end{bmatrix} \tag{4-40}$$

可以看出，虽然有负序分量的影响，但是正负序分量是对称的相互独立的两个量，所以可以分别进行控制。

4.4　STATCOM 的控制方式

STATCOM 之所以能够实现动态变化的无功功率快速精准补偿，其工作原理就是根据动态变化的实际工况，将功率单元通过电感 L 或者 LCL 滤波器连接在电网上，利用电流控制策略、调制策略以及相关电压控制策略，从而完成快速而又准确的补偿。根据控制参考值是否为无功电流，电流控制策略可分为间接电流控制与直接电流控制，下面将详细分析介绍。

4.4.1　电流间接控制

（1）δ 角的 PI 控制法。首先获取电网三相电压以及 STATCOM 的输出电流，再求出输出无功功率 Q，然后将 Q 与负载实际需要的无功功率 Q_{ref} 作比较，比较结果经过 PI 调整 STATCOM 的控制角 δ，通过 δ 角的调节来使 STATCOM 输出的无功功率等于系统的无功功率缺额。图 4-16 为原理框图。

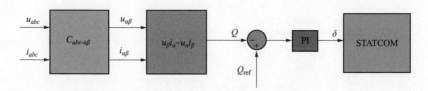

图 4-16　δ 角的 PI 控制法原理结构图

（2）逆系统 PI 控制法。当系统存在非线性问题时，上述的 PI 控制存在一定的局限性，它不能在全局范围内调节。该法将非线性问题线性化处理，在逆系统 PI 控制中，同时对 δ_1 和 δ_2 两个相位差角进行控制，这样可以使系统响应速度比单 δ 角控制的速度要快。不过此法也有一定局限性，由于 δ_1 的存在，使得 PI 的参数有一个较低的上限，所以此方法的控制精度较低。具体原理如图 4-17 所示。

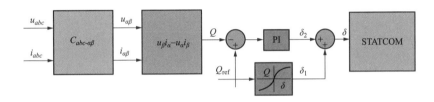

图 4-17　逆系统 PI 控制原理结构图

（3）δ 角和 θ 角双角配合控制。此控制策略采用的是双闭环控制，比上述两种控制方法更加准确。该策略原理结构如图 4-18 所示，δ 为变流器电压和电网电压的的相位差，θ 为方波脉冲宽度角。在控制 δ 角的同时，同时配合控制脉冲宽度角 θ，由此通过调节脉冲宽度改变 STATCOM 输出电压并使其等于 δ 角所对应的稳态值。

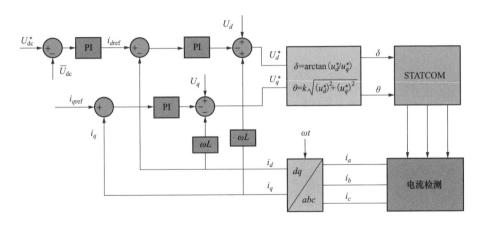

图 4-18　双角配合控制原理图

电流间接控制法的优点是可以应用于大容量 STATCOM，且与多重化方法结合使用；缺点是响应速度不够快，控制系统比较复杂，系统参数的设定容易受外界环境的影响。

4.4.2　电流直接控制

直接控制法是对 STATCOM 交流侧输出电流进行各种 PWM 技术直接控制。常用的 PWM 控制技术有滞环比较法、三角波比较法两种。

（1）滞环比较法（见图 4-19）。此法的主要原理是将经过测量并计算得出的 STATCOM 输出电流中的无功分量信号 q_i 作为控制的反馈信号，将此信号与负载侧测出

的实时无功电流 i_{qref} 作差，并将其作差结果输入到滞环比较器进行下一步运算。若上一步的运算结果在滞环的控制区间，则产生高电平；若上一步的运算结果超过滞环的控制区间，则产生低电平。该高电平和低电平脉冲用于控制电源开关器件的通断。

（2）三角波比较法。此法与滞环比较法的区别在于反馈信号与参考信号的差值需要通过 PI 调节，将 PI 调节后的输出信号与高频三角波作比较，比较之后产生的高低电平用来控制器件的通断，图 4-20 为原理结构图。

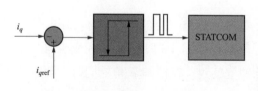

图 4-19　滞环比较法

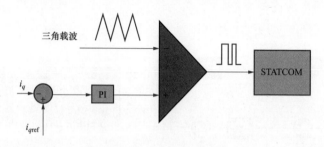

图 4-20　三角波比较法

4.4.3　基于电流直接控制的控制策略分析

（1）abc 坐标下电流控制策略。此控制策略的基本原理：STATCOM 直流侧电压 u_d 经过反馈控制后与电压参考值 u_{dref} 进行比较，经过 PI 对比较结果进行调节，并输出电流信号 i_{dref}，此信号是有功量；然后将调制出来的有功信号 i_{dref} 和检测出来的无功信号 i_{qref} 进行坐标逆变换，变换出来的结果就是三相静止 abc 坐标下的参考分量 i_{aref}、i_{bref}、i_{cref}，将这三个参考分量分别与 STATCOM 输出无功电流 i_a、i_b、i_c 比较；再然后就是将指令信号与三角波比较，比较的结果作为功率开关器件的开关信号，完成电流内环控制，也就是上文中所提到的三角波比较法。图 4-21 是原理结构图。

（2）dq 坐标下的电流直接控制策略。该控制策略的基本原理：利用 $i_d - i_q$ 检测法得到 STATCOM 输出的无功电流，然后经坐标变换得到 i_d 和 i_q 两个电流信号，将这两个信号分别与参考信号 i_{dref} 和 i_{qref} 进行比对，将比对结果进行 PI 调节，再然后将调节结果进行坐标变换得到三相静止信号，三相静止电流信号再与一个定频三角波进行比较，比较结果就是控制 STATCOM 驱动电路的脉冲信号。图 4-22 是原理结构图。

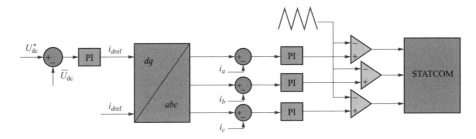

图 4-21 abc 坐标下电流直接控制策略原理图

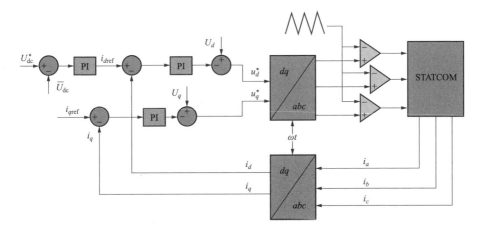

图 4-22 dq 坐标下电流直接控制策略原理图

（3）电流解耦控制。在 abc 三相坐标系下的 STATCOM 装置的物理方程为

$$\begin{cases} L\dfrac{\mathrm{d}i_a(t)}{\mathrm{d}t}=e_a(t)-u_a(t)-Ri_a(t) \\[2mm] L\dfrac{\mathrm{d}i_b(t)}{\mathrm{d}t}=e_b(t)-u_b(t)-Ri_b(t) \\[2mm] L\dfrac{\mathrm{d}i_c(t)}{\mathrm{d}t}=e_c(t)-u_c(t)-Ri_c(t) \end{cases} \tag{4-41}$$

将式（4-41）进行 dq 变换后，得到

$$\frac{\mathrm{d}}{\mathrm{d}t}\begin{bmatrix} i_d \\ i_q \end{bmatrix}=\begin{bmatrix} -\dfrac{R}{L} & \omega \\[2mm] -\omega & -\dfrac{R}{L} \end{bmatrix}\begin{bmatrix} i_d \\ i_q \end{bmatrix}+\frac{1}{L}\begin{bmatrix} e_q & -u_q \\ e_d & -u_d \end{bmatrix} \tag{4-42}$$

经整理得

$$\begin{cases} u_q = -L\dfrac{\mathrm{d}i_q}{\mathrm{d}t} - Ri_q - \omega Li_d + e_q \\ u_d = -L\dfrac{\mathrm{d}i_d}{\mathrm{d}t} - Ri_d - \omega Li_q + e_d \end{cases} \tag{4-43}$$

由式（4-43）可以看出 i_d 和 i_q 之间存在耦合关系，而这种耦合关系在实际应用中不便于控制，所以要设法将这两个分量之间的耦合关系去除掉。解耦合实际上就是对这两个量实行单独控制，此处使用的是 PI 控制，控制方程为

$$\begin{cases} u_d^* = u_d = -\left(K_p + \dfrac{K_I}{s}\right)(i_{d\mathrm{ref}} - i_d) + \omega Li_q + e_d \\ u_q^* = u_q = -\left(K_p + \dfrac{K_I}{s}\right)(i_{q\mathrm{ref}} - i_q) - \omega Li_d + e_q \end{cases} \tag{4-44}$$

式中：K_p 为 PI 比例环节的增益；K_I 为积分环节的增益；$i_{d\,\mathrm{ref}}$ 和 $i_{q\mathrm{ref}}$ 为参考值。

联立式（4-43）和式（4-44）可得

$$\begin{cases} L\dfrac{\mathrm{d}i_q}{\mathrm{d}t} = -\left(K_p + \dfrac{K_I}{s}\right)(i_{q\mathrm{ref}} - i_q) - Ri_q \\ L\dfrac{\mathrm{d}i_d}{\mathrm{d}t} = -\left(K_p + \dfrac{K_I}{s}\right)(i_{d\mathrm{ref}} - i_d) - Ri_d \end{cases} \tag{4-45}$$

由此 i_d 和 i_q 的耦合关系已经被解除掉，电流解耦的原理结构如图 4-23 所示。

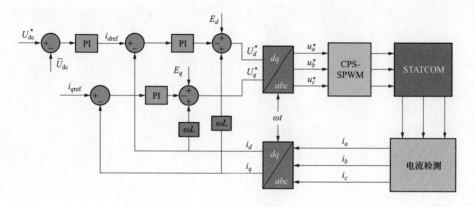

图 4-23　基于 dq 坐标变换的电流内环解耦控制

4.5 基于 RT-LAB 的 STATCOM 建模案例分析

4.5.1 RT-LAB 仿真模型搭建

图 4-24 为在 MATLAB/Simulink 中搭建的 STATCOM 的总体框架，利用第一章和第二章的知识，可以知道，该仿真模型可以直接在 RT-LAB 中通过调用 MATLAB 软件打开，并进行编译、下载和执行。STATCOM 的仿真模型包含 4 个子系统，分别为 SM_system 子系统、SC_console 子系统、SS_PWMarr 子系统和 SS_ctrlor 子系统。SM_system 子系统用于装载半实物仿真模型，即 STATCOM 的硬件电路模型，SC_console 子系统用于在线或离线查看波形或数据，SC_console 子系统进一步展开显示为图 4-25，meas1、input、f、PI 均为 SC_console 子系统输入信号，用于仿真分析和测量，Vac（PCC）为公共并网点的交流电压。SM_system 子系统的模拟输出信号可以通过 SC_console 子系统在线观测，SM_system 子系统还可向 SS_ctrlor 子系统和 SS_PWMarr 子系统，SS_ctrlor 子系统分担 SS_PWMarr 子系统的一部分计算，SS_PWMarr 子系统向 SM_system 子系统传送 PWM 信号，控制 STATCOM 按一定逻辑进行工作。图 4-25 中 measure 模块的内部详细结构如图 4-26 所示，该模块的功能是通过公共点的电压 Vac（PCC）和电流 Iac（PCC）对公共点的有功功率 P 和无功功率 Q 进行计算，并将计算结构输入到 VIPQ 显示模块中供用户观察。除了观测公共点的有功和无功信息，VIPQ 显示模块还能同时观测公共点的电压和电流。

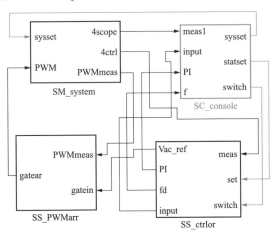

图 4-24　STATCOM 仿真模型的总体构架

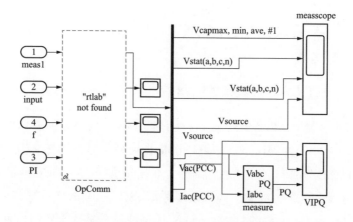

图 4-25　SC_console 的详细模型

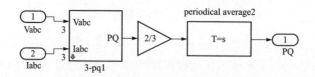

图 4-26　SC_measure 模块的详细模型

图 4-27 为 STATCOM 的整体电气系统模型，该模型中包括变压器模型、电压电流测量模块、三相电源模型（three phase source）和 STATCOM 模块等。Vcell monitoring 为单元电压监控模块。statcom 模块为该仿真模型的关键电路模型，将其展开后，详细模型如图 4-28 所示。

图 4-28 为图 4-27 中 statcom 模块的内部详细模型，包含 3 个多模块串联组成的 Arm1、Arm2 和 Arm3，gate 作为控制信号输入给 Arm1、Arm2 和 Arm3 送进控制信号，Pulse 为 Arm1、Arm2 和 Arm3 控制信号的输入端口。从 Arm1、Arm2 和 Arm3 模块可以观测的电气量包括每个模块的电容电压 Vcap、正极电压+V、负极电容–V。

变压器的参数设置如图 4-29 所示，Winding 1 connection（ABC terminals）用于设置原边绕组的连接方式，Winding 2 connection（abc terminals）用于设置变压器副边绕组的连接方式。如图 4-30 所示，可供选择的变压器绕组连接方式包括星型（Y）、星型接地（Yn）、三角 D1 型和三角 D11 型

图 4-31 为模块电压监控模块，Vdcmean 为直流电压平均值，Vcapmeas 为直流电压测量值，Vcap 为直流电压实际值。图 4-32 展示了直流电压监控模块内部较为详细构成，包括信号输入、信号总线、信号处理、信号输出和

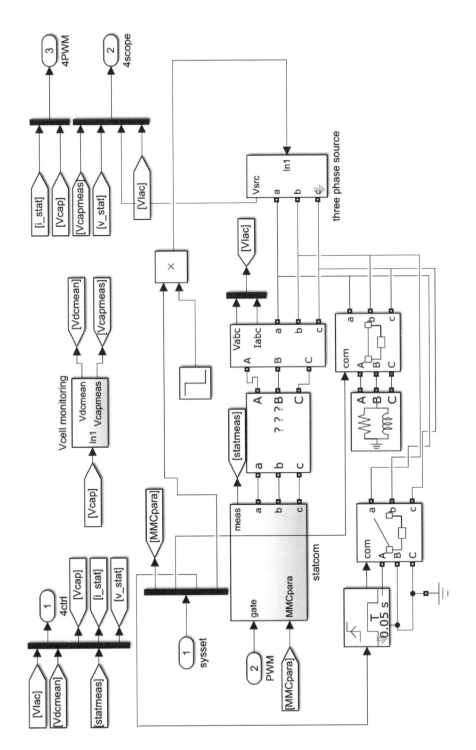

图 4-27 STATCOM 的整体电气系统模型

信号显示等几个环节，该模块能够检查直流电压的最大值、最小值和平均值，具体实现方式如图4-33所示，用 max 模块寻找直流电压的最大值，用 min 模块寻找直流电压的最小值，用求和Σ模块和 gain 模块计算直流电压的平均值，最终用 stat 信号输出端口将最大值、最小值和平均值输出模块，供程序的其他需要直流电压信息的部分使用。

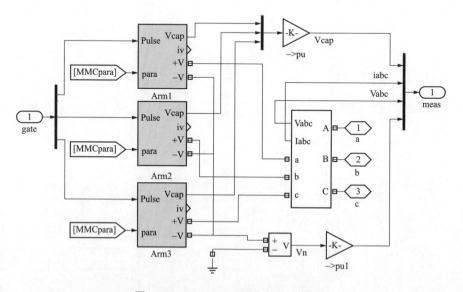

图 4-28　STATCOM 的内部电路模型

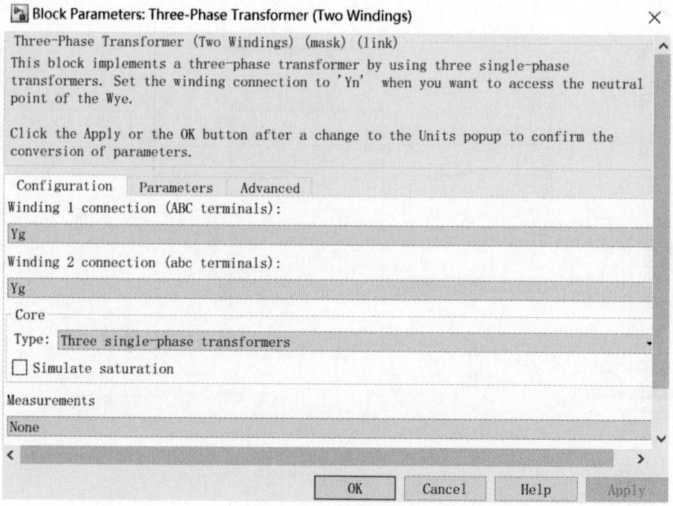

图 4-29　变压器参数设置界面

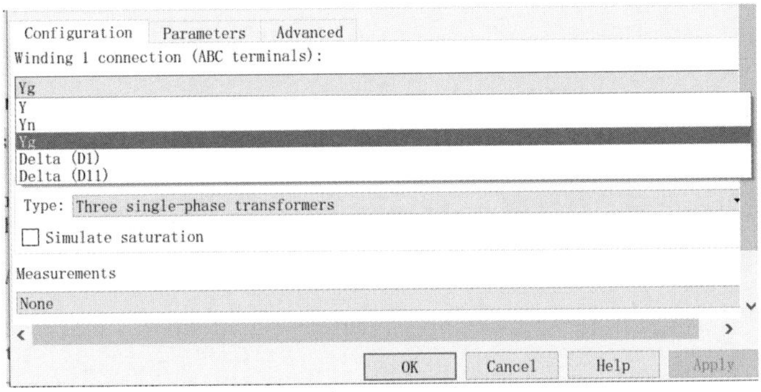

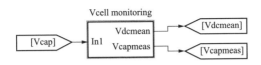

Configuration
Parameters
Advanced
Winding 1 connection (ABC terminals):
Yg
Y
Yn
Yg
Delta (D1)
Delta (D11)
Type: Three single-phase transformers
Simulate saturation
Measurements
None
OK
Cancel
Help
Apply

图 4-30　变压器绕组连接方式选择

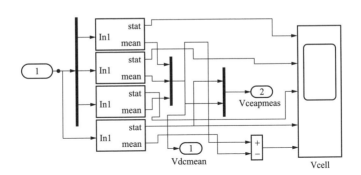

Vcell monitoring
[Vcap]
In1
Vdcmean
Vcapmeas
[Vdcmean]
[Vcapmeas]

图 4-31　直流电压监控模块

1
In1
stat
mean
In1
stat
mean
In1
stat
mean
In1
stat
mean
2
Vceapmeas
1
Vdcmean
+
−
Vcell

图 4-32　直流电压监控模块详细模型

max
min
1
-K-
2
mean
UY
1
stat

图 4-33　直流电压最大值、最小值和平均值计算模型

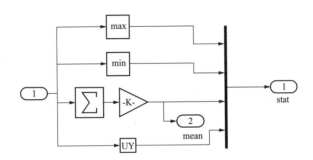

图 4-34 为 SS_PWMarr 子系统内的 Vcap balancing 模块，用于电容电压的均衡控制，输入信号包括 gatein、Iac 和 Vcap，输出信号为 gate，convert 模块的功能是将输入信号从一种格式转换为 a1、a2、a3 模块需要的信号格式，如图 4-35 所示，convert 模块需要设置的参数包括输出最小值（Output minimum）和输出最大值（Output maximum），输出数据的类型（Output data type）、取整模式（Integer rounding mode）等。如图 4-36 所示，输出数据类型可选项包括 Inherit：Inherit via back propagation、double、single、int8、unit8、int16、unit16、int32、unit32、boolean、fixdt（1，16）、fixdt（1，16，0）、fixdt（1，16，2^0，0）等。此处选择 Inherit：Inherit via back propagation。

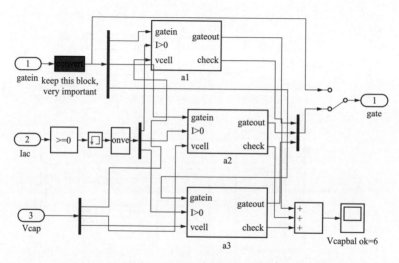

图 4-34　SS_PWMarr 子系统内的 Vcap balancing 模块

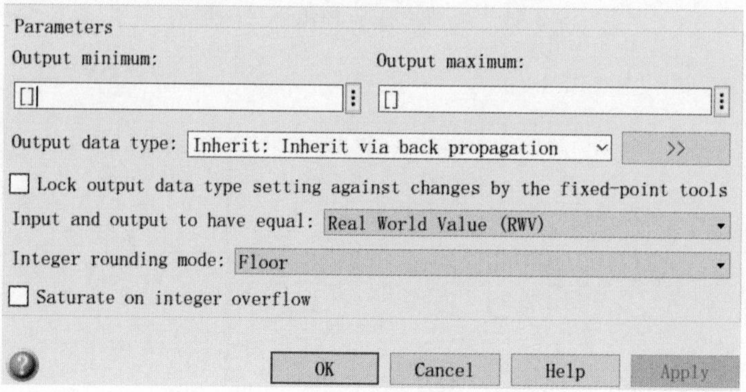

图 4-35　Converter 模块的参数设置界面

Convert 模块中 Integer rounding mode 也很重要，其选择类型包括 Ceiling、Convergent、Floor、Nearest、Round、Simplest 和 Zero 类型，此处，选择 Floor 即可，如图 4-37 所示，表示向下取整。

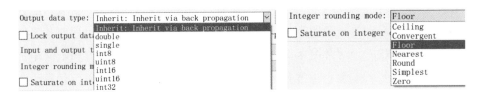

图 4-36　convert 模块输出数据选择项目　　图 4-37　Integer rounding mode 选择

图 4-38 为无功参考值信号 Qref 的计算模块，Vac_ctrl 为交流电压控制信号，Vacctrl 模块的内部模型如图 4-39 所示，由加法器、饱和限制器、PI 控制器构成。

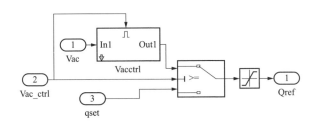

图 4-38　无功参考信号 Qref 计算模块

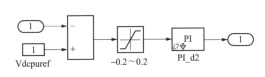

图 4-39　Vacctrl 模块详细模型

图 4-39 中的 PI 控制器要设置的参数包括比例参数 Proportional gain（Kp）、积分参数 Integral gain（Ki）以及输出限值（Output limits）的上下限，输出初始值和采样时间，如图 4-40 所示。

图 4-41 展示了 VSC 控制器的详细构成，Fbase 为基频，theta 为相位角度，periodical average 为周期性取平均值模块，用户可根据需要设置该模块的工作周期，VSC 的主要控制算法封装在 ctrl 模块中，控制模式（ctrlmode）选择为 PV 模式。

4.5.2　测试结果

图 4-42 为 STATCOM 并网处的电压测试波形，可以看出三相电压相位依

次错开 120 电角度，三相电压的幅值基本相等。图 4-43 为 STATCOM 端口的测试电压波形，三相电压是通过多个电平构造而成，因此，谐波较低，这是因为每个桥臂上多个模块之间的载波信号之间形成了移相，进而使 STATCOM 输出端口处的电压成为一个多电平。图 4-44 为电网电流波形，电网电流在 STATCOM 刚启动的短暂时间内出现较大冲击，但在半个电网周期内基本能达到稳定工作状态，结合图 4-42 和图 4-44，可以看出，电网电流和电网电压的相位出现不一致现象，主要是因为 STATCOM 工作时向系统和负载提供无功引起的。

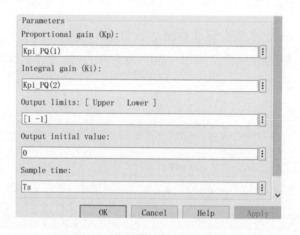

图 4-40　PI 控制器的参数设置界面

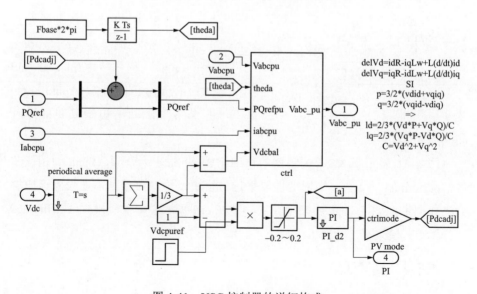

图 4-41　VSC 控制器的详细构成

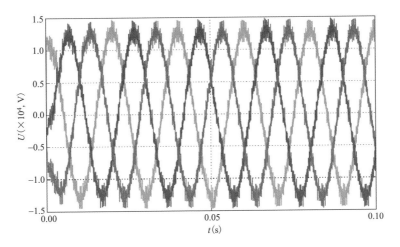

图 4-42 PCC 出的电压波形

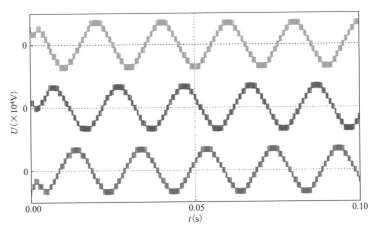

图 4-43 STATCOM 端口电压波形

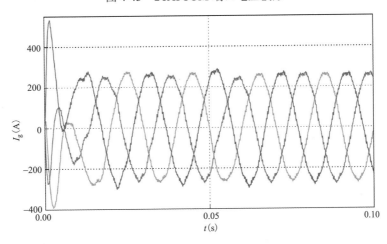

图 4-44 电网电流

如图 4-45 所示，当 $t=0.2s$ 时，无功功率从 5×10^6var 突升到 1×10^7var，有功功率保持为 0，这种情况下，如图 4-46 所示，电网电流的幅值也随着增加，并且电网电流的相位也发生了变化。当无功功率在 $t=0.2s$ 发生变化时，STATCOM 的直流电容电压也在发生变化，如图 4-47 所示。

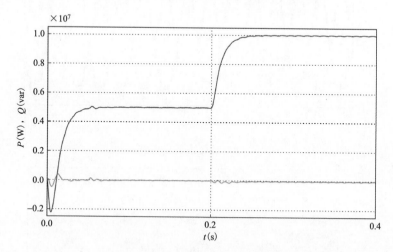

图 4-45　无功功率变化曲线

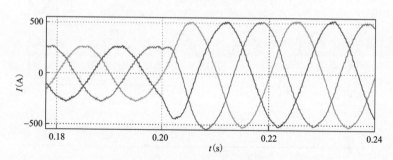

图 4-46　电网电流测试波形

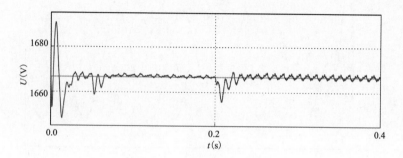

图 4-47　直流电容电压波形

图 4-48 为模块电压，稳定工作时，模块电压在一定范围内周期性波动，当无功功率发生变化时，模块电压发生突变，但在半个电网周期内又恢复到正常。从图 4-48 中还可以看出，模块电压的低频约为电网周期的 2 倍。

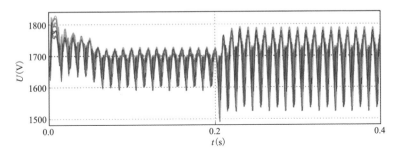

图 4-48　直流电容电压波形

5

光伏控制器的 RT-LAB 建模与案例分析

在能量紧缺和环境污染日益严重的背景下，可再生能源等绿色能源越来越多地受到关注。太阳能光伏发电以其可再生、无污染、资源丰富、安装方便等优点成为人们关注的焦点。近年来，光伏发电及其相关技术飞速发展，很多大型光伏电站相继建成并入电网，但光伏发电受到天气等自然因素的影响，具有的随机性和不确定性会对光伏系统的稳定并网产生影响。

随着光伏发电系统接入系统占比的不断增加，光伏发电对电力系统的影响日益显现。因此，研究光伏发电系统对电力系统的影响日益迫切，建立能够准确反映并网光伏系统的模型是开展相关研究的基础，基于 RT-LAB 的半实物仿真可以满足模型对实际系统的准确模拟。本章首先对光伏发电系统的结构原理进行了介绍，并对光伏阵列、并网逆变器分析，建立了光伏发电系统的等效电路模型。最后基于半实物仿真平台 RT-LAB 搭建了光伏发电系统模型，并对其稳态工作运行以及故障暂态进行了实验并分析。

5.1　光伏系统结构及特点

目前常用的光伏发电系统具有多种类型，根据并网交流电的相数来进行分类，可以将光伏发电系统分为单相并网发电系统和三相并网发电系统。一般来讲，小于 5kW 的光伏系统一般通过单相并网逆变器接入电网，即单相并网方式，如图 5-1（a）所示，而大于 5kW 的光伏系统一般通过三相逆变器接入电网，即三相并网方式，如图 5-1（b）所示。

根据并网逆变器的功率转换级数，光伏发电系统可分为单级式和双级式，如图 5-2 所示。其中，双级式并网逆变器包括一个 DC-DC 升压部分和一个 DC-AC 并网逆变部分，具有更加灵活的控制功能和更宽的直流电压接入范围，一般为小容量逆变器；而单级式逆变器仅有 DC-AC 逆变部分，其硬件结构简单，可以降低造价，更适用于大型光伏发电并网系统。

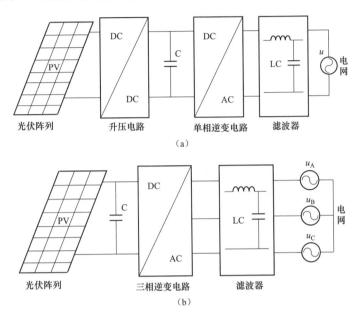

图 5-1 光伏并网发电系统拓扑结构

（a）单相并网拓扑结构；（b）三相并网拓扑结构

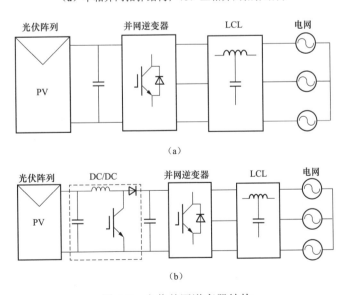

图 5-2 光伏并网逆变器结构

（a）单级式并网逆变器；（b）双级式并网逆变器

根据光伏发电系统并网逆变器所适用的功率等级可分为集中式和组串式，集中式是多路并行的光伏组件经过汇流后连接到逆变器直流输入端，集中完成由直流电转换为交流电；组串式则是将光伏阵列中的每一个光伏组件分别连接一个相对应的逆变器直流输入端，将多个光伏组件和逆变器模块化的组合在一起，所有逆变器在交流输出端并联，完成将直流电转换为交流电。

集中式采用的逆变器的功率范围为 100～1000kW，主要是应用于大型的并网光伏电站。集中式逆变器大多采用三相两电平的拓扑结构，如图 5-3 所示，主要是由直流支撑电容、三相逆变主电路和滤波器三部分组成。该逆变器的优点在于功率密度较大，输出功率因数也较为稳定，转换效率在 98%以上，谐波畸变率能够控制在 3%以下，当电网电压波动时具有一定的适应能力。

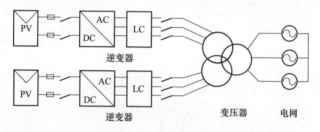

图 5-3　集中式逆变结构

组串式采用的逆变器的功率范围一般为 3～50kW，主要是应用于大中型的分布式光伏电站。如图 5-4 所示，组串式逆变器的直流侧通常是并联若干串的光伏组件，一般为 3 串以上，每个光伏组件则通常由几块或十几块光伏电池板串联而成，一般情况下相对于集中式直流端的电压较低，为满足并网要求需要先通过 DC-DC 变换器进行升压后再进行逆变并网。组串式逆变器拥有多路 MPPT 跟踪电路，可以使每个光伏组件工作在最大功率点，从而减少因光伏组件间不匹配导致的发电损失。

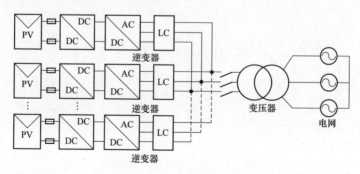

图 5-4　组串式逆变结构

通过对光伏发电系统拓扑结构及特点的分析可以看出，光伏并网发电系统的核心在于光伏电池板和并网逆变器，作为光伏发电系统与电网之间的核心连接装置，并网逆变器的性能将直接影响到整个光伏并网发电系统的电能质量。

5.2 光伏系统控制方式

光伏系统的控制主要有最大功率跟踪（maximum power point tracking，MPPT）控制和并网逆变器的控制，MPPT 控制的主要作用为保证光伏阵列始终工作在输出功率最大的状态，而逆变控制的主要作用为将直流电转换为交流电，使逆变器输出与电网电压同相且尽量减小谐波的输出。本节主要讨论了光伏发电系统中 MPPT 控制和并网逆变器控制的主要方式及其特点。

5.2.1 MPPT 控制

MPPT 控制多用于光伏系统，根据其追踪方法不同分为两种类型：①在已知光伏电池 U-I 特性的基础上，通过求解 $dP/dU=0$ 来找到最大功率点；②通过不断调整和测量，逐步寻找到最大功率点。

（1）直接求解最大功率点的模型。这类模型是直接通过求解 $dP/dU=0$ 找到最大功率点对应的光伏阵列电压 U 和输出功率 P 的计算式，从而构造 MPPT 模型。由已知的光伏电池 U-I 特性可以得到光伏电池的 P-U 关系，对 P-U 关系式进行 $dP/dU=0$ 的计算即可得到最大功率点对应的 U-I 关系式。对此式进行迭代，即可解出最大功率点对应的光伏模块端电压 U。由于光伏电池在实际运行中存在老化的问题，部分相关参数可能出现一定的变化，因此，这个方法得到的最大功率点可能存在不准确性。

（2）逐步寻找最大功率点的模型。这类模型通常采用定电压控制法、扰动观察法、电导增量法或者其他智能算法进行推算光伏阵列的最大功率点，可以实现光伏阵列在实际运行状态（光伏电池随时间老化、光伏阵列处于部分遮荫等）下的 MPPT 控制。这类模型通过不断更改工作点并测量输出功率，可以找到实际运行中真正的最大功率点，因此也是目前最常用的 MPPT 控制方法。

5.2.2 并网逆变器控制

并网逆变器控制技术多用于分布式电源以及光伏系统，逆变器控制环节的模型通常以控制框图形式给出，其输入量为电网侧和阵列侧电量，输出量为 PWM 控制环节的调制比和移向角或逆变器的输出电量。按模型控制目的的不同，对逆变器控制环节的建模一般分为恒功率因数控制方式、恒电压控制方式、有功功率和无功功率解耦控制方式。

（1）恒功率因数控制方式。当逆变器输出电流和电网电压不同步，即存在相位差时，逆变器就会输出无功功率。一般情况下不需要向电网输入无功功率，所以需控制并网逆变器固定输出的功率因数为 1，保证其不产生无功功率。逆变器恒功率因数控制方式的输入量可以是电网侧的电压或电流，通过监视电流和电压的相位差，可保证输出功率因数恒定，也可以采用重复控制、电压前馈等方法提高控制的精确度。

（2）恒电压控制方式。对于并入交流电力系统供电的光伏发电系统，若需要对电力系统提供一定的无功功率支持，则需要采用恒电压控制方式，实现交流侧电压恒定的控制方法，只需对逆变器的控制目标进行修改即可。但在光伏发电系统的实际运行过程中，令逆变器产生无功功率，以保持并网电压恒定是不经济的，因此一般采用无功补偿设备进行电压控制。但对于通过直流母线直接对直流负载供电的光伏发电系统，为保证负载供电的可靠性，则需要同时控制直流母线电压的恒定。

（3）输出功率解耦控制方式。并网逆变器的输出功率控制是通过控制其 PWM 信号实现的，直接对逆变器 PWM 控制信号的调制比或移相角等参数进行调整，会同时影响到逆变器输出的有功功率和无功功率，因此需要对光伏发电系统输出的有功功率和无功功率进行解耦控制。但并网逆变器中电流的无功电流分量 i_q 和有功电流分量 i_d 相互耦合，无法分别进行控制，故应首先对逆变器的输出电流进行解耦，才能分别控制输出的有功功率和无功功率。

5.3 光伏系统等效建模

在不考虑输电网络的情况下，并网光伏发电系统主要由光伏阵列、DC-DC 变换器、并网逆变器及控制系统组成。实际中光伏阵列通过伏特效应将太阳的辐射转化为直流电能；DC-DC 一般为 Boost 升压电路，将光伏阵列输出的直流电压转换为可输入逆变器的直流形式；逆变器实现将光伏发电模块产生的直流电转换为符合并网要求的交流电。其中，核心部分为光伏阵列和并网逆变器，下面将从光伏阵列、并网逆变器以及逆变器控制三个部分着手，建立光伏发电系统的等效模型。

5.3.1 光伏阵列数学模型

基于对光伏系统特性的研究以及对光伏系统进行动态建模，下文将对光伏阵列进行数学模型的分析。光伏电池是光电能量转换的最小单元，由于光伏电池额定容量较小，通常通过串联和并联的方式构造成光伏组件。在光伏发电系统实际运行中，通常测量的是光伏阵列输出电压和电流。一般根据实际光伏电站设计确定光伏组件串联数和并联数后，可将光伏组件按照实际设计要求进行串并联组合，建立光伏阵列模型。因此，研究光伏组件数学模型是建立光伏阵列模型的基础。

光伏电池作为一种典型的非线性直流电源，其输出电流-电压（I-U）特性、输出功率-电压（P-U）特性随光照强度 S 和光伏电池温度 T 的变化而变化。根据电子学理论，构成光伏组件的光伏电池实际上是一个大面积平面二极管，其工作原理可以用图 5-5 的单二极管等效电路来描述。图中 R_L 是光伏电池的外接负载，光伏电池的输出电压为 U_L，输出电流为 I_L。

标准测试条件下的光伏电池 I-U 特性方程为

$$I_L = I_{ph\_ref} - I_{0\_ref}\left\{\exp\left[\frac{q(U_L + I_L R_s)}{AKT} - 1\right]\right\} - \frac{U_L + I_L R_s}{R_{sh}} \qquad (5\text{-}1)$$

式中：I_{ph_ref} 为光生电流；I_{0_ref} 为光伏组件无光照时的反向饱和电流；R_s 为光伏组件的串联电阻；R_{sh} 为光伏组件的旁漏电阻；q 为电子电荷（1.602×10^{-19}C）；A 为二极管常数因子（正偏电压大时 A 值为 1，正偏电压小时为 2，一般取1.3）；K 为玻尔兹曼常数（1.38×10^{-23}J/K）；T 为光伏组件一定工况下的绝对温度值。

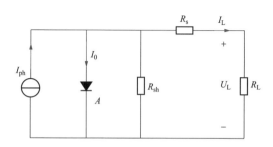

图 5-5　光伏电池的单二极管等效电路

由式（5-1）可知，只要能确定 I_{ph_ref}、I_{0_ref}、A、R_s、R_{sh} 这五个参数的值，

便可以得到光伏电池确定的 $I\text{-}U$ 特性曲线，但上述参数的确定比较困难，且与光照强度 S 和光伏电池温度 T 有关，故不适用于模型建立。

在工程实际应用中，可利用的原始数据为生产厂家提供的在标准测试条件下测试出的开路电压 U_{oc0}、短路电流 I_{sc0}、最大功率点电压 U_{m0}、最大功率电流 I_{m0}，因此利用了光伏组件的四个参数模型进行研究。这一简化数学模型是在保证工程精度的前提下，对式（5-1）表达的光伏电池输出特性进行适当的简化和变换。

标准测试条件下，标准光照强度 $S_{nom}=1000\text{W/m}^2$，标准光伏电池温度 $T_{nom}=25℃$，光伏组件四参数模型为

$$I_{L} = I_{sc}\left[1 - C_1\left(e^{\frac{U_L}{C_2 U_{oc}}} - 1\right)\right] \tag{5-2}$$

$$C_1 = \left(1 - \frac{I_m}{I_{sc}}\right)e^{\frac{U_m}{C_2 U_{oc}}} \tag{5-3}$$

$$C_2 = \left(\frac{U_m}{U_{oc}} - 1\right)\left[\ln\left(1 - \frac{I_m}{I_{sc}}\right)\right]^{-1} \tag{5-4}$$

利用光伏组件生产厂家提供的标准测试条件下的 U_{oc0}、I_{sc0}、U_{m0}、I_{m0}，代入式（5-4）可求出 C_2 的具体数值，将 C_2 代入式（5-3）计算得到 C_1。确定 C_1 和 C_2 之后，就可以从 $U_L=0$ 开始，到 $U_L=U_{oc0}$ 结束，依据式 5-2 计算一条标准测试条件下的 $I\text{-}U$ 曲线。

式（5-2）描述了标准测试条件下光伏组件的伏安关系，而在不同的辐照度和温度条件下，光伏组件的 $I\text{-}U$ 特性曲线不同。因此，当辐照度、温度发生变化时，需要对 U_{oc}、I_{sc}、U_m、I_m 四个参数加以修正来描述新的特性曲线，下面为一般工况下光伏组件输出特性的工程计算方法。

首先计算一般工况与标准工况的光伏电池温度差 ΔT 和相对光照强度差 ΔS，即

$$\Delta T = T - T_{nom} \tag{5-5}$$

$$\Delta S = \frac{S}{S_{nom}} - 1 \tag{5-6}$$

式中：T 和 S 分别为一般工况下的光伏电池温度和光照强度。

然后分别计算一般工况下的 I_{sc}、U_{oc}、U_m、I_m，即

$$I_{sc} = I_{sc0}\frac{S}{S_{nom}}(1 + \alpha\Delta T) \tag{5-7}$$

$$U_{oc} = U_{oc0}(1 - \gamma\Delta T)\ln(e + \beta\Delta S)\qquad\text{(5-8)}$$

$$I_m = I_{m0}\frac{S}{S_{nom}}(1 + \alpha\Delta T)\qquad\text{(5-9)}$$

$$U_m = U_{m0}(1 - \gamma\Delta T)\ln(e + \beta\Delta S)\qquad\text{(5-10)}$$

其中，系数 α、β、γ 一般取值为 $\alpha=0.0025/℃$，$\beta=0.5$，$\gamma=0.00288/℃$。

将按上式求得的一般工况下的 U_{oc}、I_{sc}、U_m、I_m 代替标准工况下的 U_{oc0}、I_{sc0}、U_{m0}、I_{m0}，依次代入式（5-4）、式（5-3）、式（5-2），得到任意辐照度和温度下的输出特性。

将一定数量的光伏组件串并联排布于固定支架上，即得到光伏阵列。假设构成光伏阵列的各光伏组件具有理想的一致性，其中有 N_S 个串联组件，N_P 个并联组件，根据图 5-5 光伏电池的单二极管等效电路，光伏阵列的等效电路如图 5-6 所示。

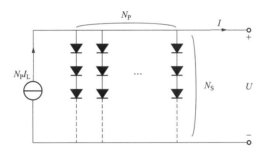

图 5-6　光伏阵列等效电路

由此可得到光伏阵列的输出电压相当于光伏组件的串联数乘以其电压，即

$$U = N_S U_L\qquad\text{(5-11)}$$

光伏阵列的输出电流相当于光伏组件的并联数乘以其电流，即

$$I = N_P I_L\qquad\text{(5-12)}$$

综上，基于四参数模型，利用实际光伏电站光伏组件的串并联数，就可建立光伏阵列的等效模型。

5.3.2　并网逆变器数学模型

并网逆变器可将光伏发电系统发出的直流电转换为与电网同频率、同相位的交流电，是连接光伏模块和电网至为关键的一环。以三相两电平并网逆变器为例，并网逆变器的直流侧接到光伏阵列的输出端，假设电网为理想电网，LCL 滤波电感为线性电感，逆变侧滤波电感的等效电阻以及功率开关器

件的等效电阻用 R_1 表示，并网侧滤波电感等效电阻用 R_2 表示，同时忽略线路上的寄生电阻，基于三相LCL滤波器的并网逆变器拓扑结构如图5-7所示。

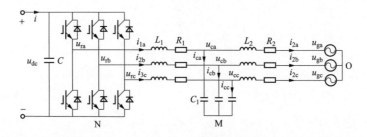

图 5-7　基于 LCL 滤波器的并网逆变器拓扑结构

u_{ra}、u_{rb}、u_{rc}—并网逆变器输出侧的三相电压；i_{1a}、i_{1b}、i_{1c}—并网逆变器输出侧的三相电流；
i_{ca}、i_{cb}、i_{cc}—滤波电容的电流；u_{ca}、u_{cb}、u_{cb}—滤波电容的电压；i_{2a}、i_{2b}、i_{2c}—并网三相电流；
u_{ga}、u_{gb}、u_{gc}—并网三相电压

当三相处于对称平衡时，图中 M 点电势与 O 点电势相等，由 KCL 和 KVL 可以得到三相静止坐标系下的 LCL 滤波电路的三相方程组。

a 相方程为

$$\begin{cases} L_1 \dfrac{di_a}{dt} + R_1 i_a = u_a - u_{ca} \\[2mm] C_1 \dfrac{du_{ca}}{dt} = i_a - i_{ga} \\[2mm] L_2 \dfrac{di_{ga}}{dt} + R_2 i_{ga} = u_{ca} - u_{ga} \end{cases} \tag{5-13}$$

b 相方程为

$$\begin{cases} L_1 \dfrac{di_b}{dt} + R_1 i_b = u_b - u_{cb} \\[2mm] C_1 \dfrac{du_{cb}}{dt} = i_b - i_{gb} \\[2mm] L_2 \dfrac{di_{gb}}{dt} + R_2 i_{gb} = u_{cb} - u_{gb} \end{cases} \tag{5-14}$$

c 相方程为

$$\begin{cases} L_1 \dfrac{di_c}{dt} + R_1 i_c = u_c - u_{cc} \\[2mm] C_1 \dfrac{du_{cc}}{dt} = i_c - i_{gc} \\[2mm] L_2 \dfrac{di_{gc}}{dt} + R_2 i_{gc} = u_{cc} - u_{gc} \end{cases} \tag{5-15}$$

坐标变换可以简化电路模型，包括三相静止坐标系到两相静止坐标系的变换（Clarke 静止变换 $[T_{\alpha\beta}]$）和两相静止坐标系到两相旋转坐标系的变换（Park 同步旋转变换 $[T_{dq}]$）。设采用恒幅值变换，Clarke 静止变换和 Park 同步旋转变换及其相应的反变换分别如式（5-16）和式（5-17）所示。

$$[T_{\alpha\beta}] = \frac{2}{3}\begin{bmatrix} 1 & -\dfrac{1}{2} & -\dfrac{1}{2} \\ 0 & \dfrac{\sqrt{3}}{2} & -\dfrac{\sqrt{3}}{2} \end{bmatrix}, \quad [T_{\alpha\beta}] = \begin{bmatrix} \cos\theta & \sin\theta \\ -\sin\theta & \cos\theta \end{bmatrix} \quad (5\text{-}16)$$

$$[T_{\alpha\beta}]^{-1} = \begin{bmatrix} 1 & 0 \\ -\dfrac{1}{2} & \dfrac{\sqrt{3}}{2} \\ -\dfrac{1}{2} & -\dfrac{\sqrt{3}}{2} \end{bmatrix}, \quad [T_{\alpha\beta}]^{-1} = \begin{bmatrix} \cos\theta & -\sin\theta \\ \sin\theta & \cos\theta \end{bmatrix} \quad (5\text{-}17)$$

首先对 LCL 滤波电路的状态方程做 Clarke 变换，将 a、b、c 三相转换到两相静止坐标系下，则 LCL 滤波电路在 $\alpha\beta$ 静止坐标系下的状态方程如下所示。

α 相方程为

$$\begin{cases} L_1 \dfrac{\mathrm{d}i_\alpha}{\mathrm{d}t} + R_1 i_\alpha = u_\alpha - u_{c\alpha} \\ C_1 \dfrac{\mathrm{d}u_{c\alpha}}{\mathrm{d}t} = i_\alpha - i_{g\alpha} \\ L_2 \dfrac{\mathrm{d}i_{g\alpha}}{\mathrm{d}t} + R_2 i_{g\alpha} = u_{c\alpha} - u_{g\alpha} \end{cases} \quad (5\text{-}18)$$

β 相方程为

$$\begin{cases} L_1 \dfrac{\mathrm{d}i_\beta}{\mathrm{d}t} + R_1 i_\beta = u_\beta - u_{c\beta} \\ C_1 \dfrac{\mathrm{d}u_{c\beta}}{\mathrm{d}t} = i_\beta - i_{g\beta} \\ L_2 \dfrac{\mathrm{d}i_{g\beta}}{\mathrm{d}t} + R_2 i_{g\beta} = u_{c\beta} - u_{g\beta} \end{cases} \quad (5\text{-}19)$$

由式（5-19）可得 LCL 滤波电路在 $\alpha\beta$ 静止坐标系下的数学模型，如图 5-8 所示。

如果以电网角频率为 ω，对 $\alpha\beta$ 静止坐标系下的 LCL 滤波电路状态方程进行 Park 同步旋转变换，可得到 dq 同步旋转坐标系下的 LCL 滤波电路状态方程如下。

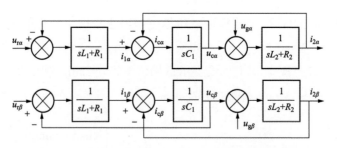

图 5-8 $\alpha\beta$ 静止坐标系下的 LCL 滤波电路数学模型

d 相方程为

$$\begin{cases} L_1 \dfrac{\mathrm{d}i_\mathrm{d}}{\mathrm{d}t} + R_1 i_\mathrm{d} = u_\mathrm{d} - u_\mathrm{cd} + \omega L_1 i_\mathrm{q} \\[2mm] C_1 \dfrac{\mathrm{d}u_\mathrm{cd}}{\mathrm{d}t} = i_\mathrm{d} - i_\mathrm{gd} + \omega C_1 u_\mathrm{cq} \\[2mm] L_2 \dfrac{\mathrm{d}i_\mathrm{gd}}{\mathrm{d}t} + R_2 i_\mathrm{gd} = u_\mathrm{cd} - u_\mathrm{gd} + \omega L_2 i_\mathrm{gq} \end{cases} \qquad (5\text{-}20)$$

q 相方程为

$$\begin{cases} L_1 \dfrac{\mathrm{d}i_\mathrm{d}}{\mathrm{d}t} + R_1 i_\mathrm{d} = u_\mathrm{d} - u_\mathrm{cd} + \omega L_1 i_\mathrm{q} \\[2mm] C_1 \dfrac{\mathrm{d}u_\mathrm{cd}}{\mathrm{d}t} = i_\mathrm{d} - i_\mathrm{gd} + \omega C_1 u_\mathrm{cq} \\[2mm] L_2 \dfrac{\mathrm{d}i_\mathrm{gd}}{\mathrm{d}t} + R_2 i_\mathrm{gd} = u_\mathrm{cd} - u_\mathrm{gd} + \omega L_2 i_\mathrm{gq} \end{cases} \qquad (5\text{-}21)$$

由上式可得 LCL 滤波电路在 dq 同步旋转坐标系下的数学模型如图 5-9 所示。

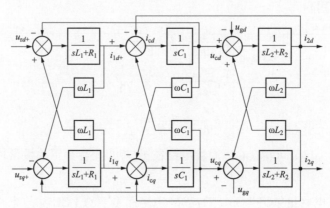

图 5-9 dq 同步旋转坐标系下的 LCL 滤波电路数学模型

对比分析图 5-8 和图 5-9 可得，在 $\alpha\beta$ 静止坐标系下，两相之间相互独立，不存在耦合关系，在 $\alpha\beta$ 静止坐标系下不需要进行解耦控制，但此时控制量为交流量，需要采用相较于 PI 控制器更为复杂的 PR 控制器。而在 dq 同步旋转坐标系下，两相之间存在耦合关系，此时为一个强耦合的多变量系统，因此 dq 同步旋转坐标系下，需要进行相应解耦控制的同时，还需要进行多次的三角函数运算，在一定程度上增加了控制系统的计算量，从而降低了控制系统的可靠性。

5.3.3　逆变器控制模型

不少研究表明，对于逆变器的控制技术，一般可采用双闭环控制、状态空间平均法、下垂法以及滞环电流控制等方法。本小节为方便计算分析，将图 5-7 所示电路中滤波电路改为电感滤波。光伏逆变器一般采用电压外环、电流内环控制的双闭环控制结构，在同步旋转参考坐标系下，电压外环是将直流电压和逆变器输出的无功功率分别与参考信号进行比较，得到的误差信号经过 PI 控制器后，其输出分别为电流内环的参考值 I_{d_ref} 和 I_{q_ref}；内环电流控制器采用 PI 控制器，其输出与交义解耦项之和等于逆变器输出电压。内环电流控制、外环直流电压/无功功率控制方程及滤波电路的状态方程为

$$\begin{cases} u_d(s)=\left(k_{\mathrm{PI1}}+\dfrac{k_{\mathrm{II1}}}{s}\right)\left[I_{d\_ref}(s)-I_d(s)\right]-\omega L_{\mathrm{S}}I_q(s)+u_{sd}(s) \\ u_q(s)=\left(k_{\mathrm{PI2}}+\dfrac{k_{\mathrm{II2}}}{s}\right)\left[I_{q\_ref}(s)-I_q(s)\right]+\omega L_{\mathrm{S}}I_d(s)+u_{sq}(s) \end{cases} \tag{5-22}$$

$$\begin{cases} I_{d\_ref}(s)=\left(k_{\mathrm{PU}}+\dfrac{k_{\mathrm{IU}}}{s}\right)\left[U_{\mathrm{dc}}(s)-U_{\mathrm{dc\_ref}}\right] \\ I_{q\_ref}(s)=\left(k_{\mathrm{PQ}}+\dfrac{k_{\mathrm{IQ}}}{s}\right)\left[Q(s)-Q_{\mathrm{ref}}(s)\right] \end{cases} \tag{5-23}$$

$$\begin{cases} u_d(s)=L_{\mathrm{S}}I_d(s)-\omega L_{\mathrm{S}}I_q(s)+u_{sd}(s) \\ u_q(s)=L_{\mathrm{S}}I_q(s)+\omega L_{\mathrm{S}}I_d(s)+u_{sq}(s) \end{cases} \tag{5-24}$$

式中：u_d 和 u_q 分别为逆变器输出电压的 d 轴和 q 轴分量；L_{S} 为滤波电感；u_{sd} 和 u_{sq} 分别为并网点电压的 d 轴和 q 轴分量；I_d 和 I_q 分别为逆变器输出电流的 d 轴和 q 轴分量；I_{d_ref} 和 I_{q_ref} 分别为由外环输出的内环电流 d、q 轴参考值；k_{PI1} 和 k_{II1} 分别为内环 d 轴电流控制器的比例和积分系数；k_{PI2} 和 k_{II2} 分别为内环电流 q 轴控制器的比例和积分系数；ω 为锁相环输出的当前系统频率；$U_{\mathrm{dc\_ref}}$ 为直流侧电压参考值；k_{PU} 和 k_{IU} 分别为电压外环控制器的比例和积分

系数；k_{PQ} 和 k_{IQ} 分别为无功功率控制器的比例和积分系数；Q 为无功功率测量值，Q_{ref} 为调度给定的无功功率参考值，一般设置为 0。式（5-21）中存在 d、q 轴的耦合项，为减少方程中的变量的个数，需将逆变器状态方程解耦合，结合式（5-21）和式（5-23）可得

$$\begin{cases} L_S s I_d(s) = \left(k_{PI1} + \dfrac{k_{II1}}{s} \right) \left[I_{d\_ref}(s) - I_d(s) \right] \\ L_S s I_q(s) = \left(k_{PI2} + \dfrac{k_{II2}}{s} \right) \left[I_{q\_ref}(s) - I_q(s) \right] \end{cases} \quad (5\text{-}25)$$

再将式（5-22）代入式（5-24），整理即可得到解耦后的控制方程，即

$$\begin{cases} I_d(s) = \dfrac{(s k_{PI1} + k_{II1})(s k_{PU} + k_{IU}) \left[U_{dc}(s) - U_{dc\_ref} \right]}{s(s^2 L_S + s k_{PI1} + k_{II1})} \\ I_q(s) = \dfrac{(s k_{PI2} + k_{II2})(s k_{PQ} + k_{IQ}) \left[Q(s) - Q_{ref} \right]}{s(s^2 L_S + s k_{PI2} + k_{II2})} \end{cases} \quad (5\text{-}26)$$

5.4　基于 RT-LAB 光伏建模案例分析

根据前文的分析和建立的光伏发电系统等效模型，本节将基于 RT-LAB 半实物仿真平台对光伏发电系统的仿真模型进行搭建，并分别测试了其在稳态运行、动态运行和故障状态下的工作情况。

5.4.1　光伏阵列模型搭建

光伏阵列是光伏发电系统中将太阳能转换为电能的关键部件，根据光伏组件生产厂家提供的在标准测试条件下测试出的开路电压、短路电流、最大功率点电压、最大功率电流，即可根据本章前文推导的公式搭建光伏阵列的四参数等效模型，如图 5-10 所示。图中 T 为设定的任意温度输入，S 为设定的任意光照强度，V_{pv} 为光伏阵列的输出电压，以上参数在系统运行过程中为变量，所以将其设置为外部接口信号输入。I_{out} 为光伏阵列的输出电流，设置为外部接口信号输出。V_{oc} 为光伏电池的开路电压、I_{sc} 为光伏电池的短路电流、V_m 为光伏电池的最大功率点电压、I_m 为光伏电池的最大功率电流、T_{ref} 为光伏电池标准温度，S_{ref} 为标准光照强度，N_{B_S} 为光伏阵列中光伏组件的串联数，N_{B_P} 为光伏阵列中光伏组件的并联数，以上参数为按实际情况给定的固定值，所以采用 Constant 模块输入变量。最后将整个运算模块进行封装。

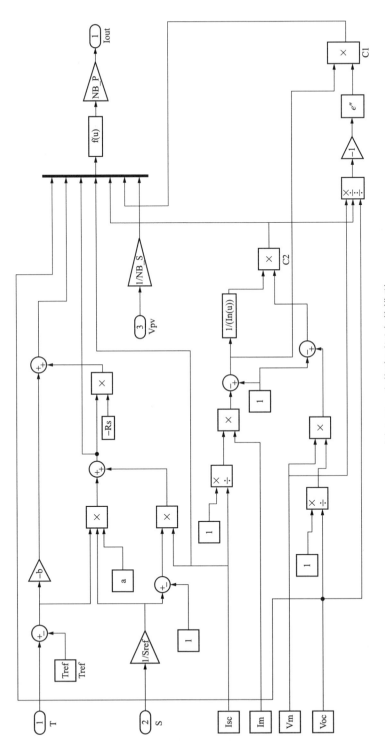

图 5-10 光伏阵列四参数模型

当光伏阵列模型封装时，即可根据所需的光伏阵列要求，按不同型号的单位光伏电池给定的参数进行设置，同时也可设置光伏阵列中光伏组件的串并联数，光伏阵列封装后的电路如图 5-11 所示，光伏阵列参数设置界面如图 5-12 所示。

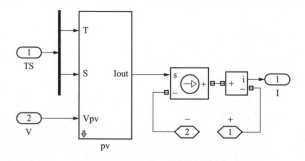

图 5-11　光伏阵列仿真电路

图 5-11 中的 TS 输入接口为实际输入的光伏电池温度和光照强度；V 输入接口输入的量为光伏阵列的输出电压，由图中的物理模型连接端口 1（+）和物理模型连接端口 2（-）两端测得，同时物理模型连接端口作为光伏阵列输出将与后面的 Boost 升压电路连接；I 输出接口输出量为光伏阵列的输出电流。

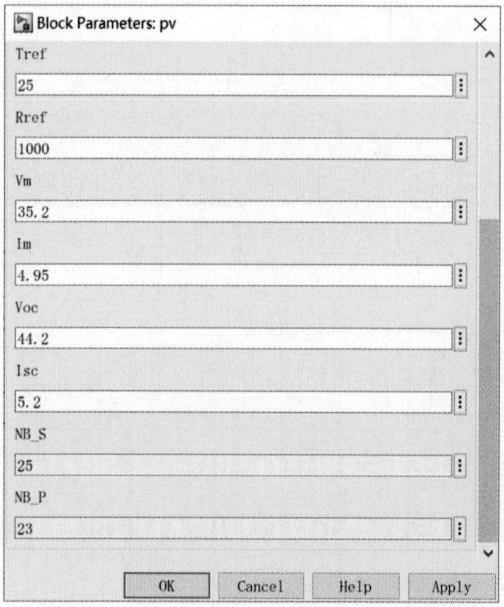

在本章的光伏发电案例分析中，光伏阵列设置如图 5-12 所示，设置光伏阵列的标准光伏电池温度为 25℃，光伏阵列的标准光照强度为 1000W/m²，单位光伏组件的最大功率点电压为 35.2V，单位光伏组件的最大功率点电流 4.95A，单位光伏组件的开路电压为 44.2V，单位光伏组件的短路电流为 5.2A，光伏阵列的单位光伏组件串联数为

图 5-12　光伏组件参数设置界面

25，光伏阵列的单位光伏组件并联数为 23。

5.4.2　直流升压电路模型搭建

在光伏发电系统中，对于组串式并网逆变结构，由于单个逆变器所连接的光伏阵列中光伏组件的数量相对较少,光伏阵列输出的直流电压等级较低,故需要采用两级式并网,在光伏阵列和并网逆变器中间加上 Boost 升压电路,将光伏阵列输出的直流电压提升到符合并网电压的一定等级后,再连接至并网逆变器,搭建的 Boost 电路如图 5-13 所示。

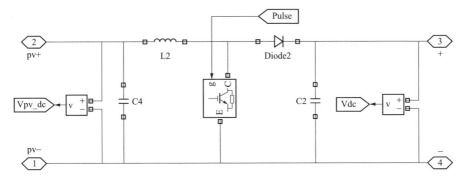

图 5-13　Boost 电路仿真模型

图 5-13 中,Boost 电路的物理模型连接端口 2(pv+)和物理模型连接端口 1(pv−)分别连接光伏阵列所输出直流电压的正极和负极,物理模型连接端口 3(+)和物理模型连接端口 4(−)为 Boost 电路输出的正极和负极;输入输出端稳压电容的设置如图 5-14 所示,输入端稳压电容值为 100μF,输出端稳压电容值为 2mF;储能电感的设置如图 5-15 所示,储能电感的值为 5mH;功率开关管和二极管的设置如图 5-16 所示,From 模块(Pulse)为开关管的控制信号。

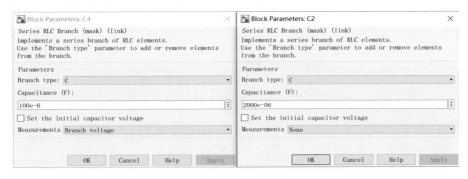

图 5-14　稳压电容设置界面

Boost 电路在两级式并网逆变结构中的作用除了提升光伏阵列的电压等级之外,还负责控制光伏阵列的最大功率点跟踪,保证光伏阵列输出最大功率。本书光伏模型选择采用电导增量法对光伏阵列的最大功率点进行搜索,电导增量法是根据光伏阵列的 $P\text{--}U$ 曲线为一条一阶连续可导的单峰曲线的特点,利用一阶导数求极值的方法,即对 $P=UI$ 求全导数,可得

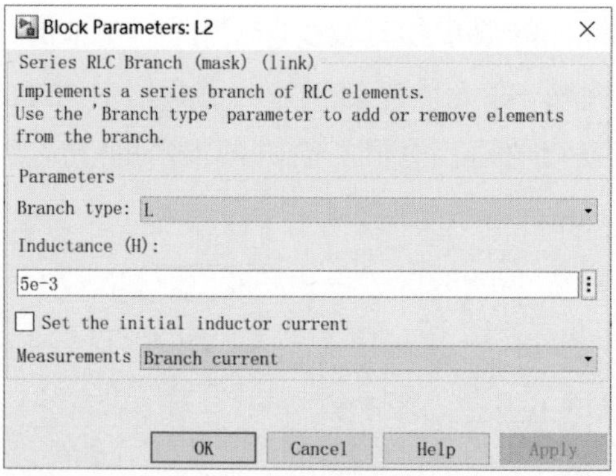

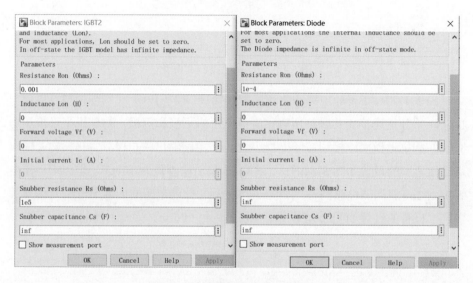

图 5-15　储能电感设置界面

图 5-16　开关管和二极管设置界面

$$dP = IdU + UdI \tag{5-27}$$

两边同时除以 dU，可得

$$\frac{dP}{dU} = I + U\frac{dI}{dU} \tag{5-28}$$

令 $dP/dU=0$，可得

$$\frac{dI}{dU} + \frac{I}{U} = 0 \tag{5-29}$$

式（5-29）即为达到光伏阵列最大功率点所需满足的条件。这种方法是通过比较输出电导的变化量和瞬时电导值的大小来决定参考电压变化的方向，下面就几种情况加以分析。

（1）假设当前的光伏阵列的工作点位于最大功率点的左侧时，此时有

dP/dU>0，即 dI/dU>−I/U，说明参考电压应向着增大的方向变化。

（2）假设当前的光伏阵列的工作点位于最大功率点的右侧时，此时有 dP/dU<0，即 dI/dU<−I/U，说明参考电压应向着减小的方向变化。

（3）假设当前光伏阵列的工作点位于最大功率点处（附近），此时将有 dP/dU=0，参考电压将保持不变，即光伏阵列工作在最大功率点上。电导增量法的控制流程图如图 5-17 所示。

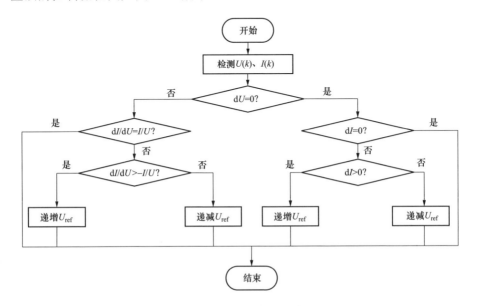

图 5-17　电导增量法程序框图

在进行 MPPT 电导增量法的编写时，可利用 MATLAB Function 与 Simulink 模块相结合进行最大功率点的运算，本模型在对光伏阵列的输出电压和输出电流进行采样时，选择建立 MATLAB Function，采得信号后的运算部分选择 Simulink 模块进行搭建。

建立的 MATLAB Function 的内容如下：

```
function [dI,dV,I_avg,V_avg] = fcn(V_PV,I_PV)
% #Codegen_Initialization
I_avg_temp=0;
V_avg_temp=0;
dV_temp=0;
dI_temp=0;
V_sum=0;
I_sum=0;
cnt=0;
```

```
% Average and incremental operation
cnt=cnt+1;
if cnt>80
    cnt=0;
    I_past=I_avg_temp;
    V_past=V_avg_temp;
    V_avg_temp=V_sum/80;
    I_avg_temp=I_sum/80;
    dV_temp=V_avg_temp-V_past;
    dI_temp=I_avg_temp-I_past;
    V_sum=0;
    I_sum=0;
else
    V_sum=V_sum+V_PV;
    I_sum=I_sum+I_PV;
end
% Result output
V_avg=V_avg_temp;
I_avg=I_avg_temp;
dV=dV_temp;
dI=dI_temp;
end
```

其中，V_sum 和 I_sum 分别定义为运算周期内的各次采样电压的总和以及运算周期内的各次采样电流的总和，V_past I_past 分别定义为前一个周期的采样电压以及前一个周期的采样电流。MATLAB Function 的输入 V_PV 和 I_PV 分别为光伏阵列的输出电压以及输出电流，MATLAB Function 的输出 I_avg 和 V_avg 分别表示运算周期内的平均电流以及平均电压，dI 和 dV 分别表示电流的增量和电压的增量。

经过采样和运算得到了 I、U、dI 以及 dU 的值后，按照式（5-29），利用 Simulink 模块库对电导增量法的运算过程进行搭建，如图 5-18 所示。

经过电导增量法的计算可得到 Boost 电路开关管控制信号的占空比增量，通过图 5-18 中的信号输出端口 1（Delta_D）输出。将占空比增量与初始占空比做差得到当前占空比后输入脉宽调制（pulse width modulation，PWM）信号发生器，可得到 Boost 电路开关管的 PWM 控制信号。初始占空比设定为 0.25，信号输出端口 1（Pulses）输出的 PWM 信号通过 Goto 模块可接到图 5-13 中的 From 模块（Pulses）对 Boost 电路进行控制。图 5-19 为 PWM 生成模块，PWM Generator（DC-DC）的设置如图 5-20 所示，开关频率设置为 4000Hz。

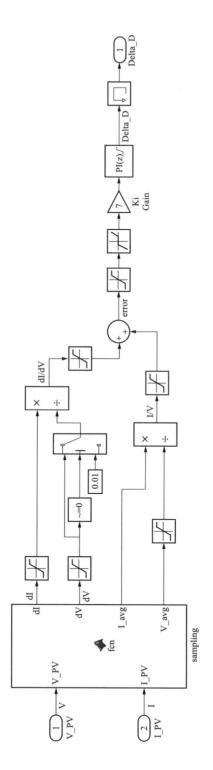

图 5-18 MPPT 仿真模块

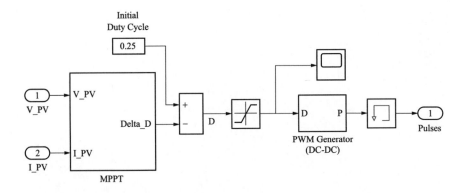

图 5-19　PWM 生成模块

```
Block Parameters: PWM Generator (DC-DC)                          ×

PWM Generator (DC-DC) (mask)

Output a pulse to the electronic switch of a one-quadrant DC
to DC Converter.

The duty cycle (input D) determines the percentage of the
pulse period that the output (P) is on.

Parameters
Switching frequency (Hz):

4000                                                         ⋮

Sample time:

Ts                                                           ⋮


            OK        Cancel        Help        Apply
```

图 5-20　PWM Generator 设置界面

基于 RT-LAB 对 MPPT 控制进行运算时，除了按上述方法在模型中分配 CPU 进行运算，也可以将信号从 OP5600 仿真机传输到 OP8665 仿真机中利用 DSP 进行运算，得到控制信号后，将其从 OP8665 仿真机传回 OP5600 仿真机后，再对模型进行控制。采用 DSP 控制时，需要先将被控信号从模型中传输到 DSP 中进行采样，在进行信号交互时需要采用的板卡控制模块以及信号传输模块如图 5-21 所示。

图 5-21 中上方的模块为板卡控制模块，其中采用的板卡为 OpCtrl OP5142EX1，其配置如图 5-22 所示，板卡的控制器名（Controller Name）需要与板卡名对应，配置为'OP5142EX1 Ctrl'；板卡信息（Board ID）默认为 0；Bin 文件名（Bitstream FileName）的填写需要与板卡对应，配置为 OP5142_1-

EX-0000-2_1_3_57-OP5142_8DIO_8TSDIO_6QEIO_16AIO-01-01.bin；本模型
由于只配置了一个板卡，同步模式（Synchronization mode）选择为 Master。

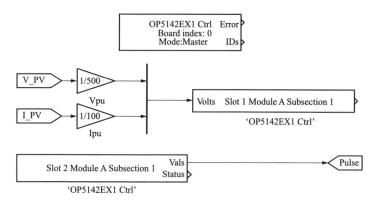

图 5-21　板卡控制以及信号传输模块

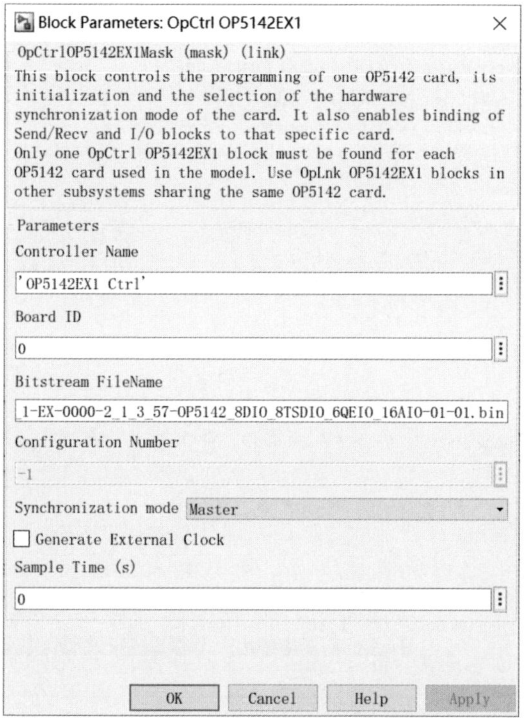

图 5-22　OP5142EX1 配置界面

　　下方两个模块为信号传输模块，其中光伏发电模型向 DSP 输出的光伏阵
列输出电压和输出电流为模拟信号，故 Slot 1 Module A Subsection 1 模块被

配置为仿真模型的模拟信号输出（AnalogOut，AO）；而 DSP 向光伏发电模型输入的 PWM 波为数字信号，故 Slot 2 Module A Subsection 1 模块被配置为仿真模型的数字信号输入（DigitalIn，DI）。此外，光伏阵列的输出电压和电流分别先经过增益模块（Vpu）和增益模块（Ipu）缩小后再输入 AO 模块，此处内容后面将给出解释。

AO 模块（Slot 1 Module A Subsection 1）的设置界面如图 5-23 所示。控制器名（Controller Name）需要与板卡 OpCtrl OP5142EX1 所设置的名字相匹配，则将其配置为'OP5142EX1 Ctrl'；模拟输出信号有光伏阵列的输出电压和输出电流，故 AO 通道数（Number of AOut channels）设置为 2；由于硬件安全原因，电压信号幅值（Voltage range）配置可选择的最大幅值为 16，故此处的信号幅值限制选择 16，而光伏阵列的输出电压和输出电流远大于这个值，则通过增益模块将信号缩小后再输入到 AO 模块，根据计算将两个增益分别设置为 1/500 和 1/100。

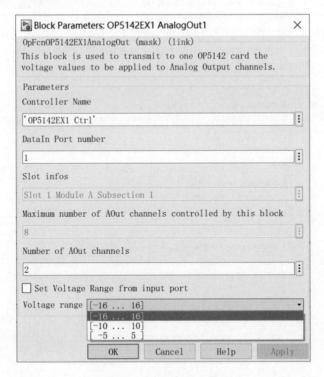

图 5-23　AO 模块配置界面

DI 模块（Slot 2 Module A Subsection 1）的设置界面如图 5-24 所示。同理，控制器名（Controller Name）需要与板卡 OpCtrl OP5142EX1 所设置的名

字相匹配，则将其配置为'OP5142EX1 Ctrl'；DSP 向仿真模型只有一路 PWM 波输入，故将 DI 通道数（Number of DIn channels）配置为 1；采样周期（sample time）默认为 0。

　　OP8665 中的 DSP 控制模型的搭建需要结合 TI C2000 库元件，模型可分为信号接收、控制逻辑以及信号发送三部分。此处搭建模型采用的 DSP 模块为 C280x/C2833x，所搭建的 DSP 控制模型与采用 CPU 控制搭建的模型运算部分基本一致，如图 5-25 所示。光伏阵列的输出电压和输出电流作为模拟信号，信号传输到 DSP 时，需要采用 ADC 模块对信号进行采样，将其转变为数字信号。由于 OP8665 接收到的信号范围为 0～4095，所以需要经过数据处理，变为真实有名值后再进入控制器。进入控制器运算后，由于光伏阵列的输出电压和输出电流在传输时缩小了幅值，故信号 Va 和 Vb 先分别经过 500 和 100 的增益变为实际的值。DSP 中的 MPPT 控制模块与采用 CPU 运算时所搭建的模型相同。电导增量法求得占空比增量后与初始占空比做差得到当前占空比，输入 C280x/C2833x 的 ePWM 模块产生 Boost 电路开关管的 PWM 控制信号，最后将 PWM 波输出给 OP5600 中的仿真模型。

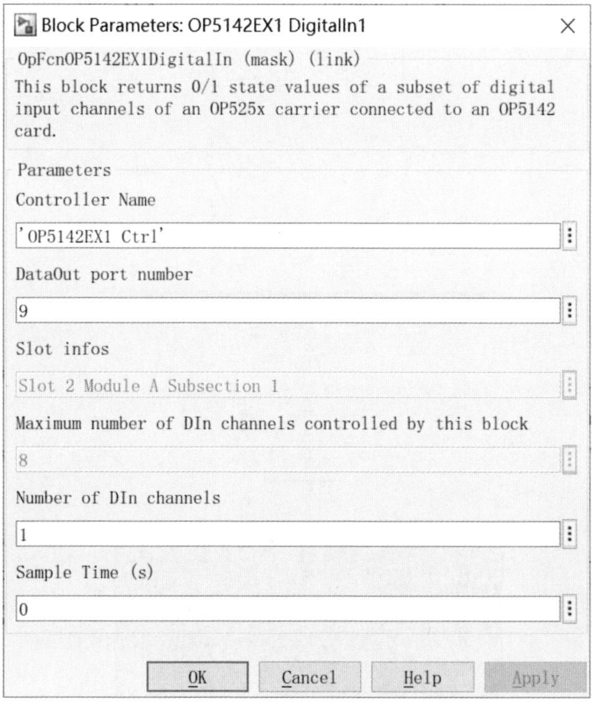

图 5-24　DI 模块配置界面

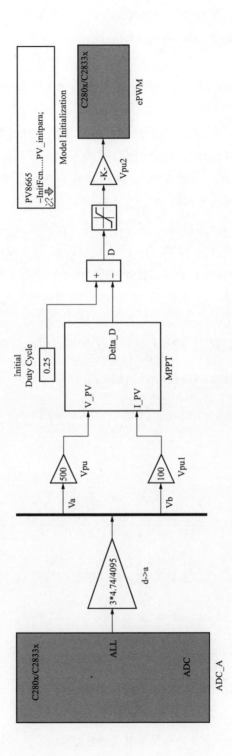

图 5-25　OP8665 控制模型

C280x/C2833x 的 ADC 通道配置如图 5-26 所示，ADC 采样接收 RT-LAB 模型发来的信号，一共接收七路信号，分别由 ADCINA0、ADCINA1、ADCINA2、ADCINA3、ADCINB0、ADCINB1、ADCINB2 接收。

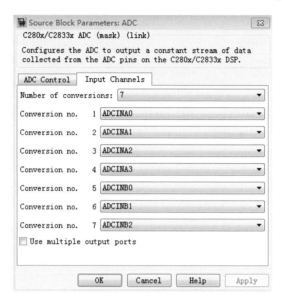

图 5-26　ADC 配置界面

5.4.3　并网逆变电路模型搭建

并网逆变器主要作用为将直流电转换为符合并网要求的交流电，是光伏发电系统中的核心设备，此处，本模型搭建了基于电感滤波的三相逆变电路及其控制电路，逆变器主电路如图 5-27 所示。物理模型连接端口 1（+）和物理模型连接端口 2（−）分别与直流升压电路高压侧输出电压的正极和负极相连；Form 模块（PWM_Converter）为三相并网逆变器的控制信号；Goto 模块（Vabc_B1）和 Goto 模块（Iabc_B1）分别为测量的并网点三相电压和三相电流。

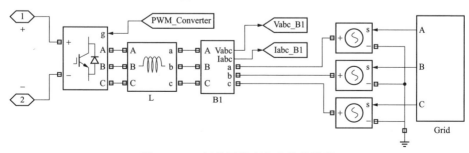

图 5-27　三相并网逆变电路仿真模型

电网三相电路利用由 Grid 模块输出的信号控制受控电压源进行等效建模，Grid 模块为搭建的电网三相电压控制信号输出模块，其等效模型搭建如图 5-28 所示。

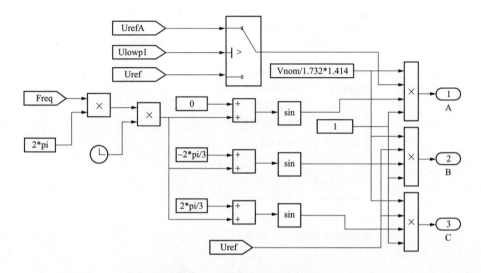

图 5-28　电网三相电压等效模型

From 模块（Freq）为电网频率输入；From 模块（Uref）为电网三相参考电压（标幺值）；From 模块（UrefA）为电网 A 相参考电压（标幺值）。此外，还搭建了电网三相低电压穿越信号模块和 A 相电压跌落模块，如图 5-29 所示。图中 From 模块（Ulowp1）为电网 A 相电压跌落触发信号，A 相电压跌落程度为 0.8（标幺值）；From 模块（Ulowp3）为三相电压跌落触发信号，Out1 模块为电网三相低电压穿越信号输入，其搭建如图 5-30 所示。

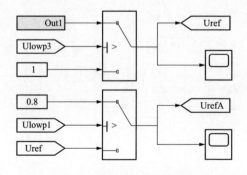

图 5-29　电网电压跌落模块

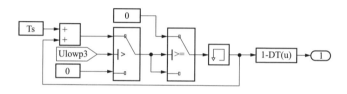

图 5-30　三相低电压穿越信号模型

图中 1-D 查阅表设置如图 5-31 所示，此时如果 From 模块（Ulowp3）有触发信号，则信号输出端口按 NB/T 32005《光伏发电站低电压穿越检测技术规程》输出三相电压穿越的电压信号。

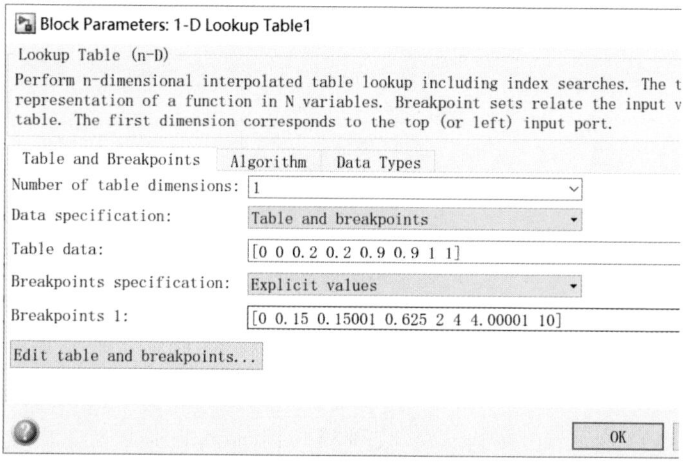

Block Parameters: 1-D Lookup Table1

Lookup Table (n-D)

Perform n-dimensional interpolated table lookup including index searches. The t representation of a function in N variables. Breakpoint sets relate the input v table. The first dimension corresponds to the top (or left) input port.

Table and Breakpoints　　Algorithm　　Data Types

Number of table dimensions: 1

Data specification:　　　　Table and breakpoints

Table data:　　　　　　　　[0 0 0.2 0.2 0.9 0.9 1 1]

Breakpoints specification:　Explicit values

Breakpoints 1:　　　　　　[0 0.15 0.15001 0.625 2 4 4.00001 10]

Edit table and breakpoints...

OK

图 5-31　1-D 查阅表配置界面

根据 5.3.2 对基于电感滤波电压型三相逆变电路的数学模型推导，建立了三相并网逆变器控制电路的模型，如图 5-32 所示。

信号输入接口 1（Voltage）为三相电压值输入，信号输入接口 2（Current）为三相电流值输入，信号输入接口 3（Vdc）为 Boost 电路输出电压值。

并网逆变器控制模型需要外部的输入信号与内部的振荡信号同步，通常利用锁相环路来实现这个目的。锁相环路是一种反馈控制电路，简称锁相环，锁相环的特点是：利用外部输入的参考信号控制环路内部振荡信号的频率和相位。由于锁相环可以实现输出信号频率对输入信号频率的自动跟踪，所以锁相环通常用于闭环跟踪电路，搭建的 PLL 模型如图 5-33 所示。

在进行 PI 控制前需要完成逆变器输出的三相电流信号从三相静止坐标系到两相旋转坐标系的变换，得到逆变器输出电流的有功功率分量 I_d 和无功功率分量 I_q，搭建的三相静止坐标系到两相旋转坐标系变换模型如图 5-34 所示。

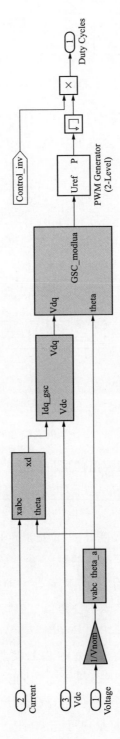

图 5-32 并网逆变器控制模型

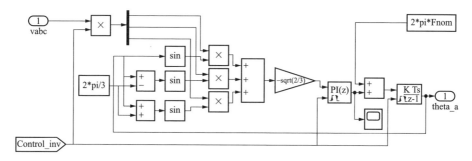

图 5-33 锁相环模型

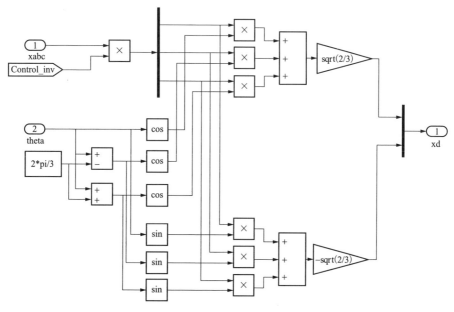

图 5-34 三相静止坐标系到两相旋转坐标系变换模型

通过坐标变换得到逆变器输出电流的有功功率分量 I_d 和无功功率分量 I_q 后，即可按 5.3.2 的分析进行并网逆变器 PI 控制环节的搭建，如图 5-35 所示。此处，光伏发电系统要保证单位功率因数并网，无功功率参考值将设置为 0，故将 d 轴的功率外环控制省略，直接给定逆变器输出电流的无功功率分量 I_q 为 0。

经过 PI 控制环节运算，得到电压参考值的有功功率分量 U_d 和无功功率分量 U_q 后，需要将两相旋转坐标系下的电压分量变换到三相静止坐标系下的三相电压参考值，故搭建两相旋转坐标系到三相静止坐标系变换模型，如图 5-36 所示。经过坐标变换得到参考信号，输入到图 5-32 中的两电平 PWM 信号发生器中即可得到三相逆变电路的控制信号。两电平 PWM 信号发生器的设置如图 5-37 所示，发生器类型（Generator type）设置为 Three-phase bridge

（6 pulses），可输出六路 PWM 信号分别控制三相并网逆变器的六个开关管；运行模式（Mode of operation）设置为 Unsynchronized，使非同步载波信号的频率由用户设定的频率参数确定，此处频率设定为 4kHz，初始相位为 0；采样方式（Sampling technique）选择默认。

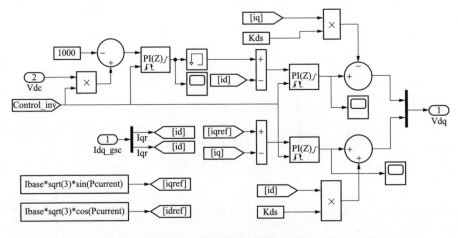

图 5-35　并网逆变器 PI 控制模型

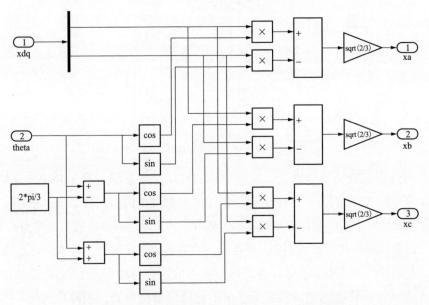

图 5-36　两相旋转坐标系到三相静止坐标系变换模型

同理，三相并网逆变器也可以采用 OP8665 仿真机中搭建的 DSP 模型进行控制，DSP 模块同样选用 C280x/C2833x，并网逆变器所搭建的 DSP 控制模型与采用 CPU 控制搭建的模型运算部分基本一致，此处不再说明。ADC

模块与 ePWM 模块的设置与 MPPT 控制部分基本一致，而并网逆变器的控制模型需要同时采用三个 ePWM 模块中的 ePWMA 和 ePWMB 来输出六路控制信号，如图 5-38 所示。

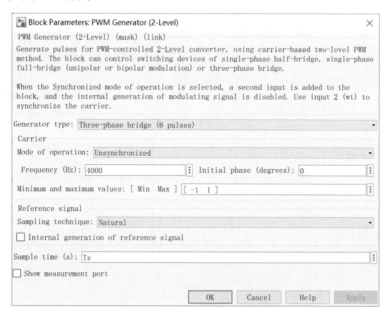

图 5-37　逆变器 PWM 信号发生器设置界面

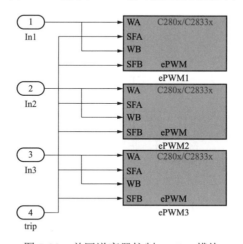

图 5-38　并网逆变器控制 ePWM 模块

5.4.4　光伏发电系统仿真模型

将整个系统的主电路及其控制电路搭建完成并建立为一个子系统，如图 5-39 所示。

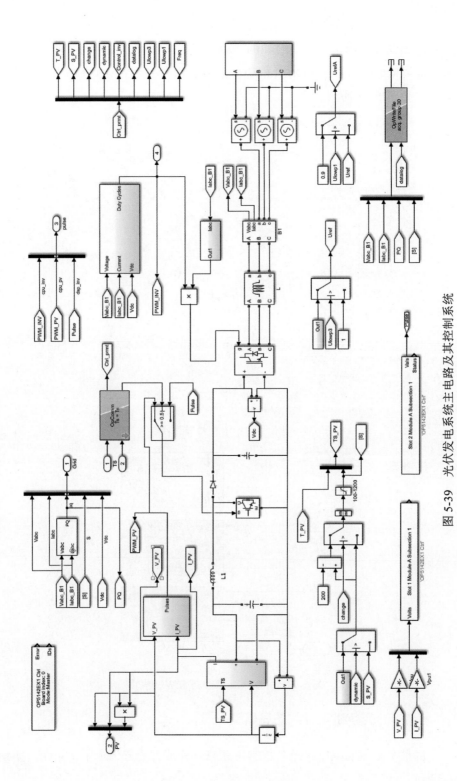

图 5-39 光伏发电系统主电路及其控制系统

搭建如图 5-40 所示的指令下发模块,将光伏并网发电系统实验的控制指令和参数输入都集中在一个用户界面上。其中,对于"光照强度瞬间变化"指令,当开关打到 1 时,光照强度发生阶跃变化到当前光照强度的 0.8(标幺值);当开关打回到 0 时,光照强度恢复到 1.0(标幺值);对于"光照强度变化曲线"指令,当开关打到 1 时,光照强度则发生连续平缓的变化来模拟实际光照量变化;对于"三相低压穿越"指令,当开关打到 1 时,电网三相电压按照国标电压适应性曲线进行变化;对于"A 相低压穿越"指令,当开关打到 1 时,电网 A 相电压按照设定值瞬时跌落;Control_inv 和 Control的设置分别决定并网逆变电路和直流升压电路的控制信号来源为 CPU 或者DSP。

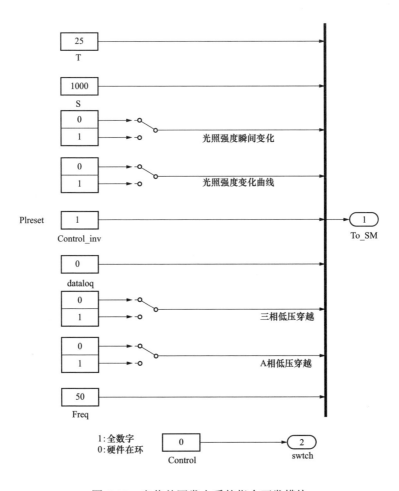

图 5-40　光伏并网发电系统指令下发模块

将光伏并网发电仿真实验过程中的所有需要观测和调试的波形信号集中在一起构成光伏并网发电系统波形观测模块，如图 5-41 所示。最后，将光伏并网发电系统主电路及其控制电路封装到 SM 子系统中，将光伏并网发电系统的指令下发模块以及信号观测模块封装到 SC 子系统中，两个子系统之间的信号采用 OpComm 模块进行实时传输。光伏并网发电系统整体仿真模型的顶层结构如图 5-42 所示，主要包括 SM_PV_Grid 子系统和 SC_Scope 子系统。

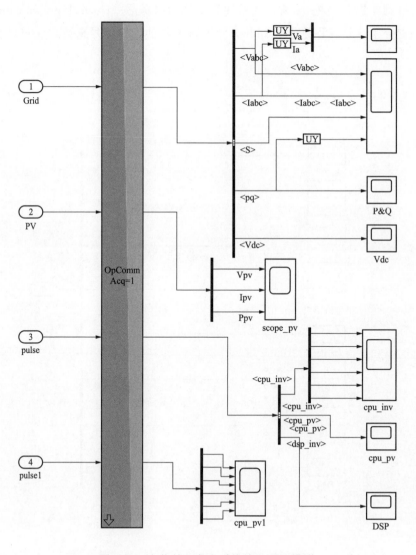

图 5-41　光伏并网发电系统波形观测模块

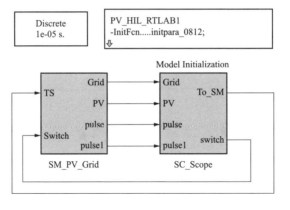

图 5-42 光伏发电系统仿真模型总体结构图

5.4.5 光伏发电系统仿真分析

对搭建的光伏并网发电系统仿真模型进行实验，首先使光伏发电系统工作在正常稳定状态，光伏并网发电系统仿真模型的并网电压波形和并网电流波形分别如图 5-43 和图 5-44 所示。由图中可知三相并网电流三相对称且并网三相电压幅值为 310V，并网三相电流幅值为 200A。光伏发电系统输出的有功功率和无功功率如图 5-46 所示，蓝色曲线为光伏发电系统输出的有功功率，紫色曲线为光伏发电系统输出的无功功率，由图可知有功功率为 89.5kW，无功功率相对与有功功率非常小，几乎为 0，此处是由于为保证系统的单位功率因素运行，将模型中的逆变器输出电流的无功分量设置为 0。

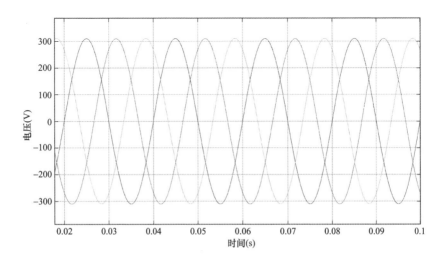

图 5-43　正常运行下的三相电压波形

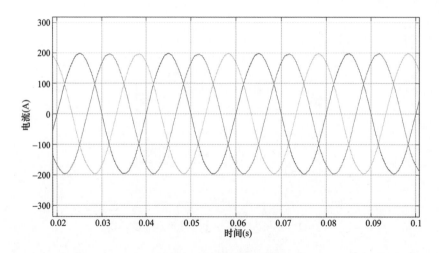

图 5-44　三相电流波形

当指令下发模块中的"光照强度瞬间变化"拨为 1 时，光照强度会发生瞬时改变，此处模型中设置为当前光照强度从 1000W/m² 减少到 800W/m²，持续一段时间后再瞬时增加至 1000W/m²，上述操作下相应的光照强度变化曲线与光伏并网系统的有功功率输出波形如图 5-45 所示，可见在光照强度瞬时变化时有功功率随光照强度的变化产生相应幅度的变化。

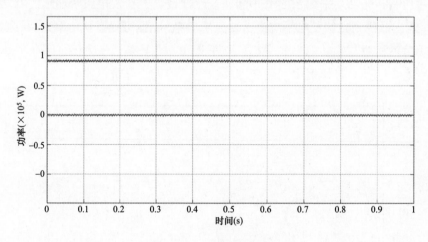

图 5-45　功率输出波形

图 5-46 所示光照强度变化曲线下对应的并网三相电压以及并网三相电流如图 5-47 所示，由于光伏发电系统并网运行，在电网电压不变的情况下，光照强度瞬时变化不会影响并网三相电压，而随着光照强度发生瞬时变化，并网三相电流也会相应的出现变化。

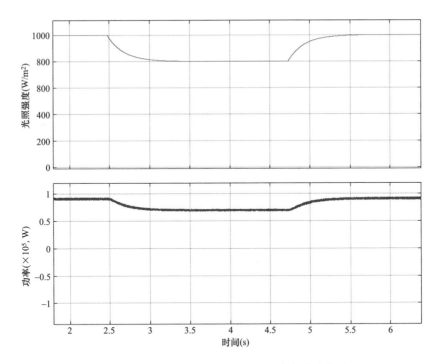

图 5-46　光照强度瞬时变化曲线及相应有功功率波形

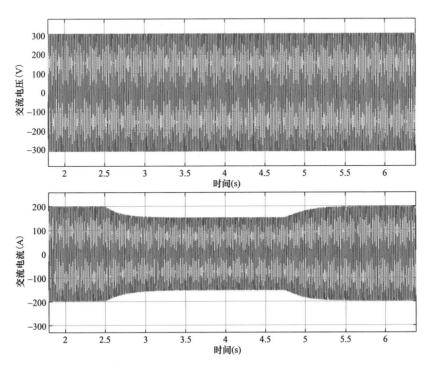

图 5-47　光照强度瞬时变化下的并网三相电压波形和并网三相电流波形

当指令下发模块中的"光照强度变化曲线"拨为 1 时，光照强度按照设定的曲线变化，模拟日间的光照强度变化，上述操作下的光照强度变化曲线与光伏并网系统的有功功率输出波形如图 5-48 所示，同样，在光照强度连续变化时，有功功率随光照强度的变化也会产生相应趋势的变化。

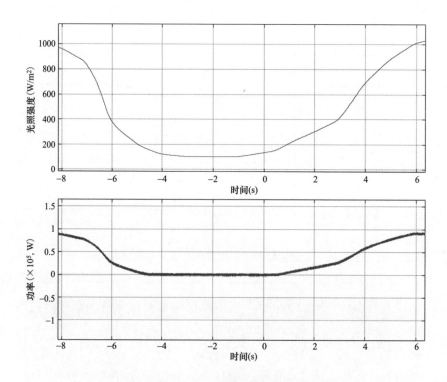

图 5-48　光照强度连续变化曲线及相应有功功率波形

图 5-48 所示光照强度连续变化曲线下对应的并网三相电压以及并网三相电流如图 5-49 所示，同样，由于光伏发电系统并网运行，在电网电压不变的情况下，光照强度持续变化也不会影响并网三相电压，而随着光照强度发生持续变化时，并网三相电流会出现相应趋势的变化。

测试完所搭建的光伏发电系统仿真模型在任意光照强度变化的情况下的工作状态后，使光照强度固定不变，将指令下发模块中的"三相低压穿越"拨为 1 时，电网电压会变化（按照国标电压适应性曲线），此时进行三相低电压穿越实验，三相低电压穿越时的并网三相电压与并网三相电流的波形如图 5-50 所示，由图可知在三相低电压穿越期间，并网三相电流不受影响。

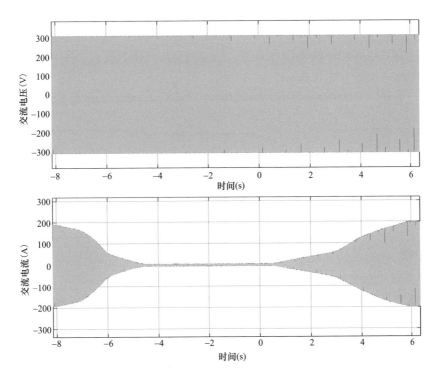

图 5-49　光照强度瞬时变化下的并网三相电压及并网三相电流的波形

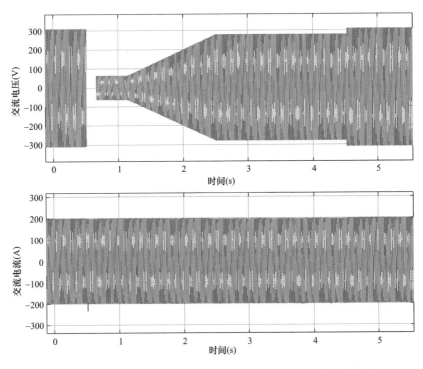

图 5-50　低电压穿越时的并网三相电压与并网三相电流的波形

三相低电压穿越时的有功功率变化波形如图5-51所示，在电网电压跌落瞬间，有功功率同样跌落相应趋势，当电网电压逐渐恢复时，有功功率也按照相应趋势恢复至正常运行。

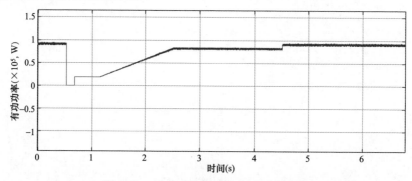

图 5-51　低电压穿越时的有功功率波形

当指令下发模块中的"A相低压穿越"拨为1时，A相电网电压会变化，此处设置为当前数值变为0.2（标幺值），此时进行A相单相跌落实验，A相单相跌落时的并网三相电压与并网三相电流的波形如图5-52所示，由图可知，A相单相跌落至0.2（标幺值）时并网三相电流有一相幅值减小，两相小幅度增大，但总体变换幅值不大。

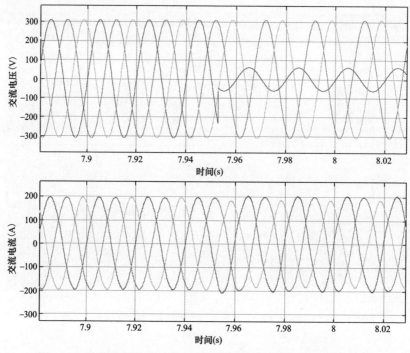

图 5-52　单相电压跌落时的并网三相电压与并网三相电流的波形

单相电压跌落时光伏发电系统有功功率的波形如图 5-53 所示，由图可知，有功功率在 A 相跌落至 0.2（标幺值）瞬间即受到影响，由于 A 相跌落至 0.2（标幺值）导致三相不平衡，光伏发电系统有功功率故产生了周期性的波动。

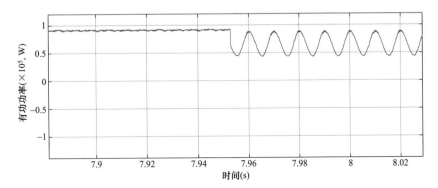

图 5-53　单相电压跌落时的有功功率波形

6

RT-LAB 在其他领域的应用

    RT-LAB 可应用分布在实时仿真、半实物仿真、硬件在环仿真、永磁同步发电、模块化多电平变流器、快速原型、建模与仿真、高压直流输电、硬件在环测试、SVG、动车组等。大多实时仿真或硬件在环测试等实验均是针对光伏、风机等新能源机组，主要是因为这两类机组在进行仿真分析时，需要从电磁、机电和中长期三个时间尺度进行，尤其是电磁仿真时间尺度，需要大量的精细化建模，采用传统的离线仿真技术手段已不能满足研究工作的需求，因此，需要借助实时仿真手段来加快分析问题的速度和精度。毋庸置疑，RT-LAB 在未来一定会有更广泛的应用场景，包括但不限于：新能源机组大规模并网的动态仿真测试、控制器参数硬件在环测试、电动汽车能量管理系统仿真测试、储能电站仿真测试等。

6.1 仿 真 教 学

    一个完整的电力电子系统应当包含两部分功能模块：①电力电子变换器主电路；②对主电路进行控制的控制器模块。半实物仿真系统是指系统中某功能模块由计算机虚拟仿真实现，而另一功能模块则由具体的实物电路实现。就电力电子系统的半实物仿真系统而言，又分为以下两种情况。

    （1）快速控制原型（rapid control prototype，RCP）。RCP 采用"虚拟控制器+实际被控对象"的模式，即电力电子变换器主电路由实物电路实现，而控制算法在 MATLAB/Simulink 等仿真软件中进行仿真调试，调试通过后将相关算法下载至仿真主机运行，由仿真主机代替单片机或 DSP 等控制器对主电路进行控制。

（2）硬件在环仿真（hardware in the loop，HIL）。HIL采用"实际控制器+虚拟被控对象"的模式，即电力电子变换器主电路在 MatLab/Simulink 等仿真软件中建模、调试，调试通过后将数学模型下载至仿真机，由仿真机虚拟实际电路，而控制器由单片机系统、DSP 系统等实现，最终单片机或 DSP 系统与仿真主机进行联合仿真。对于控制器而言，其效果等同于控制一个实际的变换器主电路。硬件在环技术在工业电力电子与电力传动领域越来越受到重视，广泛应用于智能微网、MMC 模块变频器以及电力储能等大功率场合，实现了先进控制算法快速验证和产品控制器的快速研发。

6.2 动车组牵引传动系统 HIL 仿真研究

作为一种半实物仿真技术，硬件在环仿真广泛应用于动车组牵引控制单元（traction control unit，TCU）研究，采用 RT-LAB 实时仿真机代替真实的牵引变流器和牵引电机等进行各种仿真试验，具有体积小、节能、安全便捷等优点。就动车组而言，不仅 TCU，列车网络的中央控制单元（central control unit，CCU）也参与牵引系统的控制管理，但分工不同。以某型动车组为例，CCU 管理受电弓、高压主断路器、主变压器及冷却系统，综合司机牵引手柄和列车定速控制生成转矩指令下发给 TCU。TCU 根据 CCU 指令控制四象限整流器和逆变器以驱动牵引电机。

6.3 飞行模拟器管理系统研究

航空航天领域中，为了进行各种新技术研究并验证研究成果的有效性，需要先进而有效的研究工具。工程飞行模拟器的开发与应用满足了飞机设计研制领域中的这一需求。通过将飞机的数学模型用于工程飞行模拟器进行飞行仿真试验，工程人员可以不断验证并改进模型，最终得到具有优良飞行控制律和飞行品质的飞机数学模型。以往的工程飞行模拟器只针对某个固定型号飞机模型进行分析与验证，而工程飞行模拟器是一个可以验证多种型号飞机模型的通用工程飞行模拟器。而要实现工程飞行模拟器的通用性，一个可以在其中建模并随时修改模型，编译并执行模型的仿真环境是非常重要的，这种情况下，可引入了 RT-LAB 分布式实时仿真平台来解决上述问题。

RT-LAB 是一种工业级的实时仿真平台,在这个平台之上,研究人员可实现可视化建模,并将基于 RT-LAB 的仿真及控制模型自动转化为实时 C 代码程序,在 RT-LAB 平台上运行。它集建模、编译、实时运行功能为一身,将 RT-LAB 用于工程飞行模拟器的开发研制,在保证工程飞行模拟器各项基本功能的同时实现了模拟器的通用性。

6.4   雷达数据源设计与研究

武器系统中,为了进行各种新技术研究并验证研究成果的有效性,需要先进而有效的研究工具。应用 RT-LAB 仿真器,可以在一个平台上实现系统设计,实时仿真,快速原型与硬件在回路测试。RT-LAB 采用开放的体系结构,可以与 Simulink 以及 SystemBuild 等工具进行无缝连接,通过上位机和多处理器目标机的模式,将上位机用图形化工具建立好的模型编译并下载到装有 QNX 实时操作系统的目标机运行,并利用 RT-LAB 提供的 API 工具将正在目标机上实时运行的模型与 LabVIEW 联系起来,实现在线人机界面功能。整个过程既免去了费时的手工代码编程和系统设置工作,又充分利用了目标机上的所有实时特性,生成紧凑而高效的实时运行代码,真正做到了高效自动的一体化运行。利用 RT-LAB 软件完成搜索雷达数据源软件的开发,可以提高程序开发的效率。同时利用 RT-LAB 提供的 API 工具 Labview 进行了上位机监控软件的编写,用户还可以自行开发 CAN 卡的驱动。

6.5   新能源汽车测试

在新能源汽车的开发中,总体设计、整体性能分析、动力总成相关控制器的控制策略及控制器开发,通常需要大量人力、物力和开发周期。为了减小研发的成本进一步缩短研发周期,可以通过硬件在环仿真技术的应用可以快速建立系统的模型,进行整车性能评估及各部分参数的优化。解决方案将部分实际被控对象用高速计算机上实时运行的仿真模型来替代,并与开发测试的目标控制器连接成为一个系统,实现对控制系统功能进行测试和验证。该方案既解决了计算机仿真和离线仿真对现实条件过于简化和理想化的问题,又克服了实际试验中时间长和费用高的制约,是一种切实可行的既缩短开发周期,又节约开发成本的工程技术手段。

6.6　电池管理系统硬件在环

电池作为常见的储能设备，正在随着能源问题的日趋紧迫而被越来越多地研究和重视。在电力领域，它是新能源能够取代日益枯竭的化石能源并成功进行大规模应用的关键支柱；在汽车领域，它是电动车辆能够取代内燃机车辆所需解决的核心技术；在船舶、航空、军工其他领域等全电化发展的各个行业，电池技术已经日益成为各领域发展的关键。

电池技术日新月异发展的同时，电池管理系统（battery management system，BMS）的技术也面临着新的挑战。单体电池的能量密度、使用寿命等都得到了飞跃式发展，也对电池管理系统提出了更高的要求，大量单体的监控和管理、单体的均衡管理、电池组热管理、性能控制、安全控制、与充电设备和耗电设备的匹配技术等，都在给电池管理系统的功能及性能带来挑战。

BMS 硬件在环系统解决方案可以涵盖从 BMS 设计、开发和测试验证的整个流程，能够在设计和开发阶段提供 BMS 功能的快速原型实现，提高了开发效率和缩短了产品周期，同时也在测试和验证阶段提供 BMS 的系统化测试，有效地保证了产品功能完备性和性能稳定性，并提高了测试的自动化程度，大幅缩减研发人力和时间成本。

电池管理硬件在环测试系统通过模拟整车电池单体输出，从而测试电池管理系统底层控制单元功能，实现 CSC/LECU（BCM）的硬件在环测试。系统由上位机、仿真机、电池包模拟器及 CAN 通信模块等部分组成。其中，上位机实现仿真和试验的开发和监控等功能，是模型开发软件、仿真控制软件以及监控软件的运行平台，仿真机实现电池模型及车辆模型的实时计算，并通过通信模块将相应的指令及输出期望值发送给电池包模拟器，电池包模拟器模拟出各单体的输出，并回馈模拟结果发送给仿真机，同时仿真机可模拟车辆其他模块并和 BMS 进行数据交互。

参 考 文 献

[1] 鞠平,吴峰,金宇清,等. 可再生能源发电系统的建模与控制 [M]. 北京:科学出版社,2016.

[2] 赵祥. 高可靠模块化永磁直驱风力发电机关键技术的研究 [D]. 北京:北京交通大学,2020.

[3] 吴志鹏,曹铭凯,李银红. 计及 Crowbar 状态改进识别的双馈风电场等值建模方法 [J]. 中国电机工程学报,2022,42(02):603-614.

[4] 李玉敦. 计及相关性的风速模型及其在发电系统可靠性评估中的应用 [D]. 重庆:重庆大学,2012.

[5] 王荷生. 风电场等值建模及其暂态运行特性研究 [D]. 重庆:重庆大学,2010.

[6] AKHMATOV V. 风力发电用感应发电机 [M]. 北京:中国电力出版社,2009.

[7] 姜玉霞,田艳军,李永刚. 背靠背变流器调节器参数及传输功率变化对阻抗稳定特性的影响及其改进控制策略 [J]. 高电压技术,2019,45(09):2866-2875.

[8] KUNDUR P. Power System Stability and Control [M]. New York: McGraw-Hill, 1994.

[9] 宋一鸣. 双馈风力发电系统低电压穿越技术研究 [D]. 哈尔滨:哈尔滨理工大学,2022.

[10] 张志坚,荆龙,赵宇明,等. 高速低开关频率下永磁同步电机的解耦控制 [J]. 中国电机工程学报,2020,40(19):6345-6354.

[11] 王晓兵. 弱电网下全功率永磁同步风力发电机控制策略研究 [D]. 合肥:合肥工业大学,2020.

[12] 罗承廉,纪勇,刘遵义. 静止同步补偿器(STATCOM)的原理与实现 [M]. 北京:中国电力出版社,2005.

[13] 刘计龙,李科峰,肖飞,等. 一种有源中点钳位五电平逆变器简化等效空间矢量调制策略 [J]. 中国电机工程学报,2022,42(17):6410-6425.

[14] 钟志浩. 飞跨电容型三电平 Buck 变换器的功能集成与动态优化研究 [D]. 武汉:华中科技大学,2015.

[15] 付博,曾君,刘俊峰. 一种基于飞跨电容的升压七电平逆变器 [J]. 电力电子技术,2022,56(08):4-7+49.

[16] 罗潇,於锋,丁雷青,彭勇. 计及最小飞跨电容的单相三电平微型逆变器 [J]. 电

力电子技术，2022，56（04）：133-136.

[17]张翀．模块化多电平矩阵换流器在 AC/AC 系统应用中的关键技术研究［D］．杭州：
浙江大学，2020.

[18]缪荣新．MMC-STATCOM 控制策略的研究［D］．徐州：中国矿业大学，2022.

[19]孟志强，邵武，唐杰，等．光伏准 Z 源 H 桥级联多电平逆变器并网调制技术［J］．太
阳能学报，2022，43（11）：50-59.

[20]孙绍峰．级联 H 桥型多电平 STATCOM 控制策略研究［D］．徐州：中国矿业大学，
2021.

[21]龙云波，张曦，徐永海，等．不平衡电压下 IGBT 串联 STATCOM 稳定运行范围确
定及应用［J］．电力系统保护与控制，2021，49（13）：158-166.

[22]胡阳．级联 H 桥 STATCOM 直流电压失衡分析与控制策略［D］．吉林：东北电力
大学，2021.

[23]原亚雷，钊翔坤，徐高祥，等．兼顾电压波动抑制的级联 H 桥 STATCOM 相间电压
平衡控制策略［J］．电网技术，2022，46（04）：1494-1502.

[24]杨杰．负载不平衡下级联 H 桥 STATCOM 补偿策略研究［D］．株洲：湖南工业大
学，2021.

[25]杨明，郑征，韦延方．大型光伏电站建模控制及并网稳定性分析［M］．北京：化
学工业出版社，2019.

[26]赵争鸣，陈剑，孙晓瑛．太阳能光伏发电最大功率点跟踪技术［M］．北京：电子
工业出版社，2012.

[27]张兴，曹仁贤．太阳能光伏并网发电及其逆变控制［M］．北京：机械工业出版社，
2018.

[28]吴红斌，何叶，金炜，等．基于光伏特性和潮流交替迭代的光伏电站稳态等值建模
［J］．太阳能学报，2020，41（02）：333-338.

[29]刘秋男，解大，王西田，等．大规模光伏电站小信号建模与降阶—分布式云算法［J］．中
国电机工程学报，2019，39（24）：7218-7231+7495.

[30]郭强．高增益两级式光伏并网逆变器的研究［D］．淮南：安徽理工大学，2022.

[31]李雪杨．单相并网光伏逆变器研究与设计［D］．青岛：山东科技大学，2020.

[32]张继红，白鑫，张新，等．双闭环控制的光伏系统多逆变器并联运行策略［J］．电
力电子技术，2022，56（08）：71-75+127.

[33]吴子阳，肖岚，姚志垒，等．基于滞环电流控制具有升压能力非隔离双接地光伏并
网逆变器［J］．中国电机工程学报，2021，41（23）：8097-8107.

［34］郑鹤玲. 基于 RT-LAB 的光伏发电实时仿真系统研究［D］. 北京：北京交通大学，2010.

［35］常晓飞，符文星，闫杰. RT-LAB 在半实物仿真系统中的应用研究［J］. 测控技术，2008（10）：75-78.

［36］张迪，辛业春，李国庆，等. 基于 RT-LAB 的模块化多电平换流器半实物仿真平台设计［J］. 现代电力，2019，36（04）.

［37］汪谦，宋强，许树楷，等. 基于 RT-LAB 的 MMC 换流器 HVDC 输电系统实时仿真［J］. 高压电器，2015，51（01）.